徽州村落与建筑

安徽建筑大学　金乃玲　贾尚宏　编著

中国建筑工业出版社

图书在版编目（CIP）数据

徽州村落与建筑 / 安徽建筑大学，金乃玲，贾尚宏
编著 . —北京：中国建筑工业出版社，2021.1（2024.2重印）
ISBN 978-7-112-27030-9

Ⅰ . ①徽… Ⅱ . ①安… ②金… ③贾… Ⅲ . ①村落 –
古建筑 – 介绍 – 徽州地区 Ⅳ . ① TU-092

中国版本图书馆 CIP 数据核字（2021）第 270236 号

责任编辑：费海玲
文字编辑：汪箫仪
责任校对：王 烨

徽州村落与建筑

安徽建筑大学　金乃玲　贾尚宏　编著
*
中国建筑工业出版社出版、发行（北京海淀三里河路9号）
各地新华书店、建筑书店经销
北京雅盈中佳图文设计公司制版
建工社（河北）印刷有限公司印刷
*
开本：850 毫米 ×1168 毫米　1/16　印张：10¼　字数：205 千字
2022 年 3 月第一版　2024 年 2 月第二次印刷
定价：**48.00** 元
ISBN 978-7-112-27030-9
（38771）

前 言

本教材为2020年教育部新工科研究与实践（E-TMJZSLHY20202129）"面向地域文化传承创新的传统建筑类工科专业改造升级探索与实践"及安徽省教育厅2017年质量工程项目资助的省级规划教材。

孕育并发展于安徽省南部的徽州传统建筑是中华传统建筑文化之林的绚烂一支，凝聚着历代徽州人民的智慧结晶，蕴含其中的营建理念、生态技术、审美取向至今仍然值得现代营建活动借鉴。

安徽建筑大学自2010年对建筑学开展特色课程——"徽州聚落概述""徽州建筑概述"等课程以来，结合建筑课程设计，形成了特色课程体系，取得了良好的教学效果。本教材编写组，由多年从事徽州聚落与建筑的研究人员、承担"徽州聚落概述""徽州建筑概述"教学及课程设计的教师组成，集合多年的相关研究成果，以及历年课程教学经验积累，多轮修改方成现稿。《徽州村落与建筑》的研究涉及知识面广，现有相关研究观点众多，编写组虽努力探索、认真编写，但编者水平有限，难免有遗漏或不妥之处，望识者不吝指教，多提宝贵意见。

本教材由金乃玲、贾尚宏领衔编写，各部分的编写者分工：金乃玲负责编写第五、六、七章，贾尚宏负责编写第一、二、三、八章，张笑笑负责编写第四章。研究生邵万、徐盼盼、王慧辉、李占贺、马天智、孙甲甲、陆婷婷、范闲普、陈嘉鑫、曲静怡、周琪、靳涛、汤倩秋、赵晨璐、高元奎、徐振宇等（排名不分先后）为本教材的编写做了大量资料收集及基础工作，在此一并感谢！

本教材建议学时分配：第一章：2学时；第二章：2学时；第三章：1学时；第四章：4学时；第五章：2学时；第六章：4学时；第七章：2学时；第八章：1学时。各校可以根据不同的课程设置，辅以现场教学、问题解答、设计课程等调整学时。

思考题

1.形成徽州村落与建筑的背景因素有哪些？它们对徽州村落与建筑的影响体现在哪些方面？

2.徽州村落的空间构成要素有哪些？有何组合特征？

3.徽州村落"水口"的构成要素有哪些？"水口"在徽州村落中的景观作用？

4.徽州村落的演进历程？

5.绘制"徽州三绝"——祠堂、民居、牌坊的平面形制及民居、牌坊的组合方式。

6.徽州建筑中天井的作用与生态意义？

7.徽州建筑中斗栱的地域特征？徽州建筑的木构架体系特征？

8.徽州村落水系的构成及特征？

9.徽州村落与建筑营建的生态理念、技术及其运用？

10.徽州建筑的装饰手段有哪些？"徽州三雕"的装饰部位及其是如何协同作用展现艺术特征的？

目 录

第一章 | 徽州村落形成发展的历史背景 / 001

第一节 徽州村落产生的背景因素 / 001

第二节 徽州村落发展演化的历史背景 / 006

本章小结 / 012

第二章 | 徽州村落的类型与空间 / 014

第一节 徽州村落的选址 / 014

第二节 徽州村落的类型 / 016

第三节 徽州村落的形态演进 / 022

第四节 徽州村落的空间 / 024

本章小结 / 037

第三章 | 徽州村落自然水系的改造 / 039

第一节 徽州村落自然水系的分布与分类 / 039

第二节 徽州村落对于自然水系的改造 / 041

第三节 徽州村落自然水系的改造范例——宏村水系 / 045

本章小结 / 049

第四章 | 徽州建筑类型 / 050

第一节 居住建筑 / 050

第二节 衙署建筑 / 056

第三节 礼制建筑 / 058

第四节 宗教建筑 / 064

第五节 商业与手工业建筑 / 067

第六节　教育与娱乐建筑 / 070

第七节　景观建筑 / 077

第八节　标志建筑 / 082

本章小结 / 084

第五章 ｜ 徽州建筑的空间与形态 / 085

第一节　徽州建筑的空间与形态 / 085

第二节　徽州建筑空间形态特征 / 098

第三节　徽州建筑的风貌特征 / 100

本章小结 / 103

第六章 ｜ 徽州建筑结构和技术 / 104

第一节　建筑结构 / 104

第二节　徽州建筑典型建筑构造 / 112

第三节　徽州建筑生态技术 / 120

本章小结 / 126

第七章 ｜ 徽州建筑装饰与色彩 / 127

第一节　徽州三雕 / 127

第二节　徽州建筑彩画与楹联 / 135

第三节　徽州装饰的艺术表现 / 139

第四节　徽州建筑色彩 / 140

本章小结 / 145

第八章 ｜ 徽州村落与建筑的保护发展 / 146

第一节　徽州村落与建筑的价值 / 146

第二节　徽州村落与建筑的保护与发展面临的问题 / 148

第三节　徽州村落与建筑的保护与发展原则 / 149

第四节　徽州村落与建筑保护发展方式 / 151

本章小结 / 153

参考文献 / 154

第一章
徽州村落形成发展的历史背景

徽州位于皖南山区，古称"歙州"，于宋代更名为"徽"，其下辖六县，为现今安徽省皖南的黟县、歙县、祁门、绩溪、休宁五县和江西省的婺源县。北宋之后，徽州"一府六县"的格局一直延续至民国时期，期间未再有变动。历史上的徽州村落从选址、布局到建筑形制都颇为考究，其间丰富的文化内涵都依托于徽州独特的自然环境和人文背景。

第一节 徽州村落产生的背景因素

一、自然因素

徽州地处黄山和天目山脉之间，岭谷交错，群峰参天，有深山、幽谷，亦有盆地、平原。六县之内，处处清荣峻茂，遍地溪水回环，犹如丹青流溢的山水画卷（图1-1、图1-2）。钟灵而毓秀，地灵而人杰，山明水秀的自然环境正是徽州村落孕育和生长的沃土良田。

图1-1 徽州村落远眺（左）
来源：课题组自摄
图1-2 徽州村落鸟瞰（右）
来源：课题组自摄

（一）地形、地貌

徽州位于黄山南麓、天目山以北的皖南丘陵山地之中，众多大小不一的山谷、盆地遍布其间，环境的闭合性十分明显（图1-3）。徽州境内的山脉以天目山和黄山为主。坐落在绩溪县的清凉峰，耸立在祁门县境内的牯牛降风景区，位于婺源与休宁交界处的大郛山，横亘在婺源西南部的凤游山，拔起于休宁西北部的齐云山，插间耸立，成就了徽州壮丽神奇的天造画境。

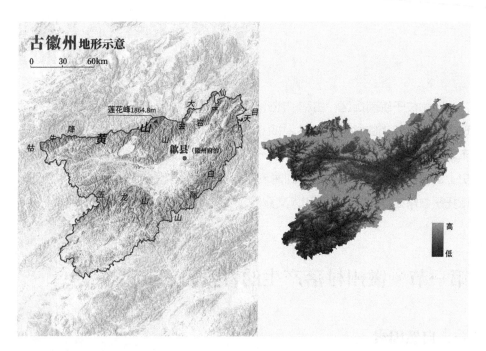

图1-3　古徽州地形-高程示意图
来源：课题组自绘

（二）气候

徽州地处亚热带湿润季风性气候带，黄山如同一道屏障，阻挡了从西北方向吹来的寒流。由于海拔较高，加之日照时间短，故夏无酷暑，雨热同季。徽州地区年降雨量1900~2500mm，年降水时长常超过120天，平均湿度80%以上，常常山雾弥漫，空气湿润。

（三）水文及交通

徽州境内河流密布，流量较大的河流除新安江外，还有阊江、婺江，稍小些的则有丰乐水、率水、练江等（图1-4），它们为徽州居民的生存提供了基础条件，更影响着沿岸农业的发展。在水运交通的影响下，靠近干流的村落经济发展相对较好，从这些村落的名称上仍能辨识出当年水系遗留的痕迹，如沿河的屯溪、绩溪、深渡以及邻湖的阳湖、川湖等。徽州先民为了走出大山，在层峦叠嶂间开辟了四通八达的徽州古道（图1-5），借由这些古道和发达的水系，人们肩挑背扛，船载舟运，将徽州特产销往全国各地，又将粮米油盐等运回家乡，开启了"寄命于商"的徽州模式。

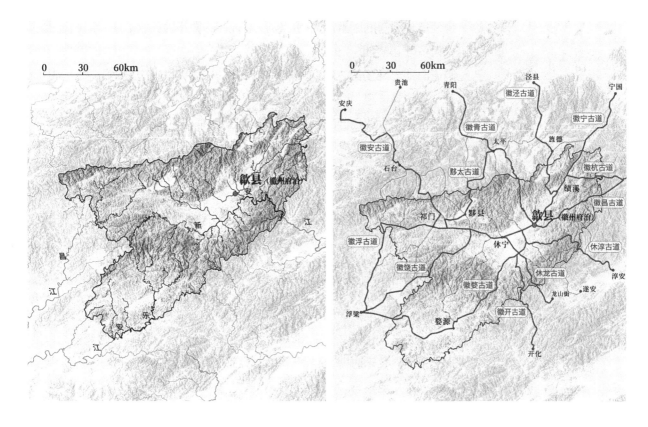

（四）物产

徽州的中低山地大部分为黄壤，土层偏厚，透水透气且肥力较高，有利于木、茶、桑和药材生长；丘陵地带多为红壤和紫色土，质地黏重，肥力不高，但光热条件好，因而适宜栋松、油茶等生长；山麓盆地与平原谷地多沙壤土，溪河两岸多冲积土，适用于农业耕作。繁复多变的地质条件和四季分明的气候环境，使得徽州的动植物资源尤为丰富，仅中药材就有1400多种，茶、木资源分别占全省的1/2和1/3。

图1-4　古徽州水系示意图（左）
来源：课题组改绘
图1-5　徽州古道示意图（右）
来源：课题组改绘

二、人文背景

徽州地区独特的社会文化背景对徽州村落的产生与发展有着举足轻重的影响，主要体现在社会、思想、风俗、制度、经济等几个方面。

（一）中原移民

公元前219年，秦始皇发兵攻打南越，征服后在此设黟、歙二县，同时设鄣郡辖领二县及现在的浙西地区。此后，东吴率军征服山越部族，于汉建安十三年建新都郡，确立了徽州府郡一级最早的行政建制。接下来的数百年间，中原地区的战乱频发，大量中原人逃难进入徽州，前后共进行了三次规模较大的人口迁移。

魏晋时期的"永嘉之乱"，迫使大量的北方氏族南迁，同时将北方的文学、道教、佛学、书法、音乐传入南方，为南方的经济文化发展提供了巨大的推动力，也使徽州原有的土著文化得以发展。现存的徽州姓氏族谱中，对始迁祖的追溯，大多可上溯到这个时期。

隋唐时期出现了第二次规模较大的迁移。在唐朝"安史之乱"之后，中原战事就一直没有停息，大量的居民为躲避战乱向南迁移。同时，一些原先居住在长江中下游的平原地区的民众，也逐步向更为安全的皖南、浙江山区乃至闽粤移居。这些民众的迁入，使徽州的人口规模进一步扩大，耕户的生存空间受到挤压，变相地促进了徽商的发展。

宋朝"靖康之乱"掀起了第三次南迁高潮，据记载当时有宋氏、马氏、赵氏、余氏、饶氏等10余氏族向南迁徙进入徽州。这些中原士族在徽州开垦农作、读书登第，积极把握和融入徽地的土著文化，与之水乳交融，最终产生了以先进中原文化为主导的新质徽州文化。

（二）儒道学说

早期儒学和后期的程朱理学对徽州文化的影响颇为深远。儒学作为中国传统文化的代表之一，其文化思想在民间演变成了一种教化的理想，普遍为早期的人们所接受。北宋时期，以程颢、程颐和朱熹为代表的程朱理学兴起，得到了徽州民众的广泛推崇。此时的徽州人一方面积极发扬和推广程朱理学，另一方面结合徽州自身的地域特色，进一步发展出了徽州地区的正统学术派别——新安理学。

此外，以老子为代表的道家思想对徽州村落的形成也有着不可磨灭的影响。道家"天人合一"的思想有效地阐释并处理了人与自然的关系。徽州村落在选址和景观的营造上，都力求贴近自然，把村落建成"山为骨架，水为血脉"的生命有机体。在单体建筑的空间组织上，往往以天井为组织核心，庭院借水、石、竹等元素置景，将泥土、植被、风雨、日月一同纳入其中，最终达到"天人合一"的境界。

（三）宗法制度

由于中原文化对于迁入徽州的中原百姓、士族和官宦影响至深，随着多次人口迁移，宗法制度也得以在徽州扎根并同化了当地原著山越居民。久而久之，徽州地区形成了以宗族组织为基础的社会组织结构，并通过聚族而居、尊祖敬宗、崇尚孝道、讲究门第等方式维护和强化地区宗法特质。

宋代以后，受程朱理学的影响，徽州地区族权进一步膨胀。作为朱熹故里，徽州人大力推崇理学思想，朱熹撰写的《家礼》更是被视为徽州各宗族的金科玉律，成为徽州地区通行的族规家法和行为准则。

宗族制度对徽州村落的影响主要体现为以下四点：

一是聚族而居，徽州地区浓厚的宗族文化和宗法观念使得徽州村落的建筑大多成片建设，或线性沿街建设。

二是坚持等级制度和主仆名分。仆人即佃仆，又称庄仆、地仆等，他们最初从他乡流徙至徽地，一无所有，只能依附于地主和大族，为其开垦农田，并呈现出"佃主田、住主屋、葬主山"的生存状态。宋代之后虽多有变化，如从佃仆转为租佃关系等，但其仆役的性质并未发生根本性的转变。

三是重视修墓、建祠和编纂家谱。聚族而居的徽州各宗族在宗族文化的熏陶下广建祠堂。据历史文献记载，早在唐宋时期，徽州各家族已经开始建家祠。自明朝嘉靖年间，徽州各宗族大兴土木，修建"宗祠"，不仅规模宏大，而且数量众多。明清时期，仅绩溪县境内便有153座祠堂。每宗有祠，宗祠林立，形成了徽州地区独特的村落现象。

四是注重恤族。为了加强族众凝聚力，诸宗族还对族内的贫困子弟从经济上予以资助和救济。例如族中贷本资助其入族中书院读书，补贴乡试、殿试的路费，对入泮、补廪或登科者给予不同价值的奖励等。

（四）徽风民俗

风俗是特定社会文化区域内历代人们通行的风尚、习惯或礼仪。习惯上，人们往往将由自然条件的不同而造成的行为规范差异，称之为"风"，而将由社会文化的差异所造成的行为规则不同，称之为"俗"。

徽州风俗是随着徽州地区历史沿革积久而成的一种具有传承性的规范体系和生活方式。在徽州村落的建设过程中，不仅初期选址讲究山形水势，后期建设中也常将风俗意向作为决定村落平面形态的重要因素，人们根据环境特征，取其生态文化意义的象形附会来赋予村落美好的寓意。例如宏村的"牛形"村落、歙县渔梁的"鱼形"村落、绩溪石家村的棋盘状村落等。凡此种种都体现了徽风民俗对于村落的选址和建设的重要指导意义。

（五）坐贾行商

徽州原属夷地，生产技术较低，随着唐宋时期几次大规模的移民，逐渐出现了粮食收不敷食的局面。为了获得换取粮食的货币，徽州人充分利用自然条件开展多种经营，如植茶、造纸、制墨、制砚等，形成了徽州土特产丰富且手工业发达的经济特色。随着第一产业的饱和，许多无地可耕的徽州人只得暂时放弃自耕自食的生存习惯，向第二产业甚至第三产业转移，在这种特定的经济环境下，徽商逐步成长了起来。徽商对村落最为直接的影响体现在村落与建筑的营建方面。徽州村落与建筑的设计、建造和形制充分体现了徽商的思想境界、文化素养和价值观，具有鲜明的徽商气息。深受程朱理学熏陶的徽商贾儒相通，独具文人情怀，但受封建等级、建筑形制的制约，徽商建筑无法超越官府的宅邸。因此，即便富甲一方，徽商建筑也仅是内部雕梁画栋、穷工极巧，村落整体仍表现出内敛含蓄、淡雅朴素的特征。在徽商的主导下，徽州村落呈现出不同于纯粹农业村落的景观特征，如建筑中典型的"四水归堂"，在营造方寸天地的同时，也体现出徽商聚气生财的美好愿望。

第二节　徽州村落发展演化的历史背景

古时徽州景色秀美、交通闭塞，是历史上战乱移民的重要迁徙地。数次南迁的移民中不乏世家大族，他们聚族而居，在徽州境内形成众多大小不一的村落。自东晋至晚清，徽州村落的发展过程经历了四个主要时期：形成期、发展期、鼎盛期及衰落期（图1-6）。

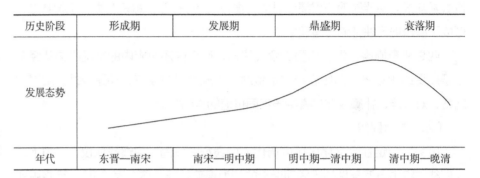

历史阶段	形成期	发展期	鼎盛期	衰落期
发展态势				
年代	东晋—南宋	南宋—明中期	明中期—清中期	清中期—晚清

图1-6　徽州村落发展态势图
来源：陆林，凌善金，焦华富. 徽州村落[M]. 安徽：安徽人民出版社，2005.

一、徽州村落的形成期（东晋—南宋）

（一）中原人口的南迁

秦代的区块划分中，现在徽州大部分地区被称为新都郡。尽管秦时的新都郡与后期的徽州在辖区范围上并不完全重合，但徽州村落的出现可以从此时算起。

先秦至东晋年间，徽州村落作为典型的原始定居型村落，村居构成以当地古越民为主，南迁的汉族和北移的闽粤人虽然也存在，但数量较少。晋至南宋的八百多年，中原经历了动荡不安的漫长岁月，在此期间发生了三次大规模南迁以及多次境内小规模的迁居。

不论是三次南迁，还是境内迁居，有组织的举族迁移都是徽州移民迁居的重要特点。这一方面是中原氏族在新的居住地生产、生活的需要，另一方面也与中原氏族固有的宗族制度有较大的关联。此时的徽民大多聚族而居，一个村落就是一片相连的建筑群。"播迁所至，荆棘初开，人皆古质，俗尚真淳，其卜筑山村，殆有人世外桃源境界"，是这一时期徽州村落基本特征写照。

（二）汉越文化的融合

文化融合是形成徽州文化的核心因素。秦汉以前，居住在徽州村落的山越人依山为业，勇悍尚武，南方越文化在徽州村落中占据主导地位。自秦置黟、歙二县之后，中原文化开始渗入。此后每逢中原动乱，都有平民百姓、世家大族被迫迁入徽州，他们迁入后仍聚族而居，尚儒重教，并随着人口繁衍和族群扩大，逐渐成为徽州的主要居民。在此期间，一些担任郡守的人文名宦都大力推行礼仪，实施教化，使得中原文化逐渐占据了主导地位。

在汉越文化的交汇过程中，免不了碰撞与冲突，但更多的是交汇与融合。这种融合是双向的：中原文化有力地影响了山越文化，使之益向文雅，而山越文化也深深地渗透到中原文化中，使之趋于刚健。在徽州文化的基本内涵中，诸如尚儒重教的社会风气、维系族群的宗族观念，都明显具有中原文化的特质，而其刚健有为的进取意识、吃苦耐劳的开拓精神则无疑体现着山越文化的刚强气息。

（三）山区经济的发展

魏晋南北朝之前，徽州人口很少，粮食完全能够自给。到了唐代，安史之乱的移民使得徽州人口剧增，逐渐出现了田少人多、收不敷食的现象。为了解决这一矛盾，徽州人充分利用山区的地理优势开展多种经营，其中以茶叶最为闻名。与此同时，徽州的手工业在唐代也有了显著发展，主要表现在造纸、竹编、漆器、织麻等方面，以制墨、制砚为中心的文具制造业更是名满天下。

徽州凭借茶叶和手工业制品的贸易打破了自给自足的小农经济状态。收购与销售的商品已从富人专属的奢侈品逐渐扩展到平民日常生活的必需品，至此农民经济已不再单纯地靠自给，而是逐渐开始依赖彼此间的交换，贸易活动也不再局限于城市，开始向穷乡僻壤延伸，商品经济浸透到了徽州的每一个角落。

二、徽州村落的发展期（南宋—明中期）

南宋经元到明初，其间300余年是徽州社会、经济、文化稳步发展的时期，也是徽州村落稳定发展的时期。徽州本属"川谷崎岖""山多而地少"的山区，两宋以前还较为贫穷。到明中期，以农耕为主业相对成熟的小农经济成为徽州村落产业的基本特征。明中期以后，徽商的崛起，极大地促进了徽州村落的发展。

（一）新安理学的形成

理学起源于北宋周敦颐、程颢、程颐等人。他们大胆抛弃汉唐学者师古、泥古的学风，敢于疑经改经，通过注经阐发与现实相关的微言大义。北宋"五子"（周敦颐、邵雍、张载、程颢、程颐）的学说，经南宋朱熹及其弟子的发扬光大，开始盛行于世，而徽州作为朱熹故里，受理学影响至深。

新安理学崛起于南宋，与北宋理学有极深的渊源。新安理学直接传承于二程，继承了北宋理学大家的学风，直接从经文中寻求义理，并吸收了北宋理学的一系列重要内容，如"太极""阴阳""五行"等客观唯心的哲学概念。此外，新安理学还从中国"三教合流""儒道互补"的哲学传统中汲取营养，表现出"养性"与"入世"的统一。

（二）宗族制度的建立

宗族制度的形成可以从商周开始追溯。商周行宗法制，氏族的财产和权力

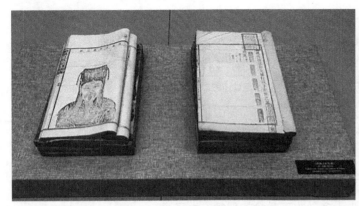

图1-7 家谱（左）
来源：课题组自摄
图1-8 祠堂（右）
来源：课题组自摄

都是按照内部血缘关系来加以分配。春秋时宗法制度遭到破坏，然而权力仍归世家大族，其后直至魏晋隋唐时期，世家大族一直占统治地位。

北宋开始，宗族制度与政治制度脱钩，宗族制度由上层向基层渗透。在理学家们的倡导和朝廷的支持下，一种区别于商周及魏唐世家大族制度的新的家族制开始形成。它以尊祖、敬宗、睦族为宗旨，根据理学的伦理纲常制定宗规家法约束族众。"尊祖"必叙谱牒（图1-7），"敬宗"当建祠堂（图1-8），"睦族"需有族产赈济。有谱、有祠、有田，成为徽州家族制度的特征。徽州先贤程颐、朱熹尤其重视宗族伦理，朱熹还撰修《家礼》等书，制定了一整套宗法伦理的繁文缛节，用以维系与巩固宗族制度，并编纂有《婺源茶院朱氏世谱》，推动和促进了徽州宗族社会的形成。

（三）经济结构的转变

南宋时期，徽州土地资源得到充分利用，农业经济繁荣。由于水利得到了长足发展，地方官府有组织地对徽州的经济进行开发，民众也多有买田捐资，修筑昌竭者。在这一阶段，徽州的农业生产工具和生产技术都有了长足进步，使得作物的品种增多，优良的品种得到推广。同时，徽州手工业高度发展。随着土特产和著名手工业产品的兴盛，商品交换更趋发达，徽州经商风气逐渐兴起。

从徽州以外的视角来看，随着中原经济重心南移，南方经济特别是长江中下游和东南沿海地区的经济得到快速发展，而徽州靠近京城临安，更得地利之便。尤其南宋建都临安，朝廷的中枢机构如枢密院、中书门下省、尚书省及六部官衙也纷纷建立，由此带来了一场大规模的城市建设。大兴土木所需材料，大多来自附近州县，这对徽州商品经济的发展产生了积极的引导作用。

徽州商业活动的发展，从某一层面来说是其他地区对徽州特产和手工业产品需求增加的结果。徽州山区的商业化进程，也是贸易路线从外地逐渐向本地区延伸的过程。随着越来越多的徽州居民转向商业性农业或其他非农业活动，徽州商品的种类越来越多样化，许多树木的果实、花、叶、皮、茎等，均在经过加工后作为商品买卖。

（四）教育科举的初兴

徽州的官学自唐代就有，从唐至宋，徽州的州学历经数次修缮和迁建，于宋宣和二年（1120年）被方腊起义焚毁，后又被知州汪藻按"左庙右学"的规制复建。除州学外，徽州六县也有各自的县学。得益于地方对教育的重视，徽州的开发虽然比中原晚，但官学的发展却非常迅速。

除官学之外，徽州民间的书院和蒙学教育机构也同时兴起。徽州早期的书院有桂枝书院、乐山书院、龙川书院等。蒙学教育方面，私家创办的教育机构大致可分为"家学""塾学"和"义学"。"家学"是家长对自家子弟实施的教育；"塾学"是延师设馆教育子弟；而"义学"则是由好义人士创办，延师教育贫寒子弟的机构。

隋唐的科举受家庭背景、个人声誉和关系因素的影响较大，直到宋代，科考成绩的重要性才逐渐开始凸显出来。由北宋开始，经学、教育和科举三位一体紧密结合，教育功能简单地与仕途相联系，教育成为科举培养人才的过程，同时沦为科举的附庸，而通过科举入仕也成为读书人的唯一出路。

科举有赖于教育，而教育则有赖于财富的物质基础。不少汉唐以来迁入徽州的士族，本身具有良好的教育传统，通过长期山村经济的开发，又拥有了雄厚的财富，因此，北宋时期徽州参与科考的人数大增，进士人数也显著增加。

三、徽州村落的鼎盛期（明中期—清中期）

徽州的鼎盛出现于明清时期，这时候徽商的发展达到了前所未有的高度。徽商中不少小有成就的人回归故里投资建设，带动了徽州村落的发展。

民间有云："无徽不成镇"。从这句话中，不难看出徽商对徽州村落营建的重要意义。徽商是徽州村落建设的主要投资者和设计者，他们利用经营所得的大量资金，回乡置地、建宅、修祠、造庙、立坊、办学等，依靠自身雄厚的经济实力深刻影响着徽州村落的形成和发展。

（一）徽商的壮大与发展

明清早期，徽商经历了一系列的挫折，包括明代"重农抑商"的政策挤压和明清时期战争的破坏。到清中期，随着社会的稳定和生产的恢复和发展，徽商也重新活跃了起来，他们的实力不仅得到了恢复，在许多方面甚至还超过了明代。

徽州地处江南，紧靠杭州、南京。明清新城的建立使得无论是皇室、官宦还是商民，都需广建房屋，其所用竹木、笔纸、砖瓷等材料供给，多从邻近区域获取。所谓"近水楼台先得月"，徽商充分利用了这一商机，迅速发展壮大。

清代康雍至乾时期，由于生产的恢复和人口的增加，引盐的销量随之大增，

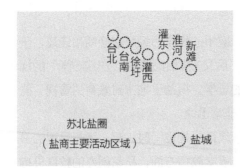

图1-9　徽州盐商活动区域
来源：课题组改绘

加上清廷又采取了一些"恤商"政策，许多手握巨资的徽州富商纷纷转而从事盐业（图1-9）。在扬州，声势显赫的盐业世家大部分都是徽州人，所谓"两淮八总商，邑人恒占其四"。徽州盐商与封建政治势力关系密切，在官府的支持下，获得高额的商业利润，财力猛增。

在徽商发展的鼎盛时期，从商风习遍及徽州六县，许多富贾大商涌入扬州占窝行盐，把持两淮盐利。同时，徽商会馆遍布通都大邑，建筑规模也日益扩大。徽商凭借雄厚的财力结交权贵，以致后来几乎官商一体。

（二）宗法的凝聚与传承

由明至清，作为官方许可的民间组织，徽州宗族的组织化建设日渐普遍，宗族影响日益深化，这种影响主要表现在宗法制度、观念的强化以及宗族功能的渗透方面。

徽州宗族在代代赓续的历史长河中，不断进行着制度创设。这种制度或遵循国法而制定，或依据群体共同需要而约定，或源于民间习惯而生成，并通过互动和交流，最终演变为具有地方共性的宗规族法。徽州宗族社会中复杂多变的社会关系在很大程度上依赖于这种宗族制度的规范，甚至可以说，成熟而完备的宗规族法是徽州社会发展的制度基础。

随着宗族组织的持续发展，其影响力也逐渐扩大，到后来已不再局限于物质层面和制度层面，而开始体现为一种地方文化现象。如尊祖敬宗之风、贵贱门第之分、长幼行辈之别、礼尚往来之礼、婚丧嫁娶之俗等，都是随着徽州宗族的存在和发展而日渐形成的宗法观念，广泛而深刻地影响着徽州社会。

明代中期以后，宗族活动几乎渗透于徽州社会各种生产生活实践之中。在社会激烈竞争和贫富急剧分化的形势下，大量个体家庭借助同姓同族的组织化结合，彼此合作来适应社会的变化。宗族内部采取联合经营的方式提高宗族势力，进而通过获得以家谱、宗祠为代表的文化表征来组织宗族，提高自己的社会地位。而一些组织化程度高的宗族，几乎承担了家庭赖以生存和发展的各种功能，诸如祭祀、赈济、赋役、诉讼、教育等。

（三）教育的发展与新变

明代前期，在朱元璋"治国以教化为先，教化以学校为本"教育政策的指导下，徽州地方政府及民间力量均加强了对地方官学、书院及蒙学的建设和支持力度，扩建官学、开创社学，有力地推动了徽州地方教育的发展。而"科举必由学校"的政策实施则进一步密切了科举与学校教育之间的关系，两者相互作用，大大促进了徽州地方教育与科举的革故鼎新。

明中后期，全国官学都出现了较强的科举化倾向，书院、文会等其他教育机构或民间组织也开始围绕科举展开活动。而心学在徽州的流布所激起的讲会之风，不仅推动了徽州书院的继续发展，还抑制了其向官学化和科举化的进一步沉沦，使得徽州书院不仅未像其他地区的书院一样陷入科举化的泥沼，反而呈现出一派欣欣向荣之景象，保留了书院应有的学术风气。

嘉靖以后，由于政府作用的日渐式微和徽商为代表的民间力量的崛起，政府主导的社学逐渐衰败，私人创办的义学、塾学等逐渐成为蒙学教育新的主导力量。

（四）文化的兴盛与繁荣

由于战争的影响，清廷定鼎中原后，百废待兴。经历康雍乾三朝的休养生息，清朝进入了一个全盛的时期，徽州文化在清初复兴的基础上也得到全面发展。

这一时期，金榜、程瑶田等徽派朴学名家辈出，学术影响深远；徽州学者的史地考释著作明显增多，地方志和家谱也数量剧增，特色鲜明；科第之盛甲于天下，清代仅徽州一府所出的进士数量即占安徽文进士数量的五分之二以上；诸如"宋诗运动"等民间文学艺术活动百花盛开；以"四大徽班"为代表的民间戏曲和以"四王"为代表的新安画派达到光辉的顶点；其他诸如刻书和工艺行业在这一时期也都有长足的发展。

四、徽州村落的衰落期（清中期—晚清）

晚清时期开始，由于徽商的衰落，太平天国时期战争的重创，以及各种自然灾害频发，使得徽州村落陷入衰落、萧条之境。除此之外，晚清时期的移民入徽活动并没有承担起重建战后徽州村落的重任，反而引发了徽州地区的生态恶化，昔日繁荣昌盛的徽州村落逐渐走向衰落（图1-10）。

（一）人口规模的减少

咸同兵燹中，清军与太平军长达十年的拉锯战致使徽州人口大量减少，土地荒芜，徽商深藏家乡故里的财富被洗劫一空，给徽州社会经济发展造成了重

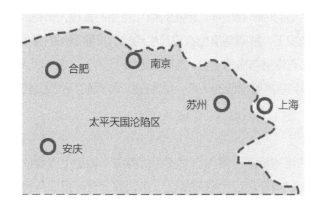

图1-10　太平天国战争波及范围
来源：课题组改绘

创。太平天国期间，徽州首县歙县人口减少了一半，其他地区也难以幸免，这些人口的非正常削减对后续徽州的经济发展、宗族继嗣等方面造成了诸多不利的影响。

（二）徽商实力的衰落

徽商作为村落建设的主要出资人，一直以来就是徽州社会发展的顶梁柱。部分徽商在外取得成功以后就想荣归故里、光耀门楣，于是将自己大部分资财都投入家族的建设当中。从某种意义上说，徽商的发展有力地促进了徽州村落的发展，徽商的衰败也直接或者间接地影响了徽州村落的兴衰。

晚清的农民起义战争是徽州商人衰落的催化剂。长江中下游地区是明清时期徽州人进行商业活动最主要、最频繁的地方，同时也是受战火影响最为严重的区域。战火使徽商在长江中下游地区的商业活动几乎崩溃，贸易难以为继，尤其是盐、典、茶、木等支柱行业受到了巨大的冲击。全国经济重心向更远的上海转移。同时，战乱对徽州本土也造成了沉重的打击。徽州乡民尤其是徽商，在战火中遭受重大的人员伤亡，加之家园被毁，徽商从此无力恢复元气，再也难以重现昔日的盛状。

由于自身资金的断链，徽商再也无力将利润所得投入村落建设方面，因此战后的建筑修复、村居的重建都没有了保证。与此同时，太平军、清军以及地方势力相互交织，进一步加重了民众的负担，也加重了社会的灾难，使得徽州村落不可避免地日趋衰落。

（三）宗族制度的弱化

连年的战争不仅摧毁了徽州的经济基础，更使乡村社会的宗族组织受到严重的破坏，宗族祠堂被大量焚毁，宗族谱牒也多毁坏丢失，宗族制度面临严重削弱。

从经济层面上来看，族田是宗族的经济命脉，关乎祭祀、教育、救济等众多宗族民生问题。而在清军与太平天国持续战争的时期，徽州宗族人口的消减，加上买卖契约的毁坏，导致族田大量丢失或转手。

从文化和继承方面来看，兵燹使得徽州宗族的祭祀活动不复以前。战乱中的宗族首先面临的是生死存亡的问题，不得不暂时放弃诸多繁复的礼仪。同时，祠堂等承载宗族活动的场所被破坏，祭祀场所和用品的管理人员也流落各地。在人丁大量流失的情况下，继嗣制度也被迫产生动摇。早期徽州的继嗣普遍遵循昭穆承继的原则，虽有爱继与应继之分，但爱继也多局限于宗族。而人丁凋敝之后，异姓入继开始得到宗族管理层的认可，女性在继承方面的话语权也在逐渐增加。

本章小结

徽州因其独特的地理位置和自然资源优势成了历史上重要的人口迁移地。东晋至南宋时期，中原移民为躲避战乱，来到偏远封闭且景色秀美的徽州，他们聚族而居，建立了人皆古质、俗尚真淳的早期村落；南宋经元至明初，徽州村落的经济文化稳定发展，农耕社会、习尚知书是这一时期基本特征；明初至清中期，伴随着徽商的崛起，徽州村落勃兴鼎盛，富接江南、宛如城郭的村落盛极一时；晚清时期，由于徽商失势、太平天国战争等诸多因素的影响，徽州村落的发展开始趋于衰落。此后一度沉寂，直到20世纪末、21世纪初，作为徽州传统文化的载体，如西递、宏村等少数保存较为完整的徽州村落才以其真实的历史遗存和深厚的历史文化内涵重新受到世人的瞩目。

第二章
徽州村落的类型与空间

第一节　徽州村落的选址

　　徽州村落在选址和营造建筑时非常注重天、地、人三者之间的关系，强调人与自然的和谐，追求天人合一。在尊重自然、敬畏自然的观念之下，徽州人认为自然环境的优劣会影响子孙后代的凶吉祸福和村落的兴衰。他们在村落的选址方面，遵循中国传统人居环境观，方式各具特色。

一、徽州村落的选址方式

　　基于中国传统人居环境观，徽州村落常用的选址方式有：相地法，结庐守墓，植定基树，神兽、神物指点等。

　　（一）相地法

　　徽州几乎无村不卜，在徽州遗留下来的宗谱中，大都记载了其始祖卜居某地后，家族繁衍的过程。在徽州古村落营建的各个方面，尤其是选址，都受堪舆的影响。村基选择一般多按"觅龙、察砂、观水、点穴"等一系列步骤确定，实际就是建造之前的踏勘观测活动，观测完毕，即可框定村址范围并画出村基图。

　　（二）结庐守墓

　　结庐守墓是徽州村落选址的一种重要方式。受堪舆的影响以及程朱理学的熏陶，古时徽州人"葬必择地"，故通常葬处为"吉地"，许多恪守孝道的后代子孙在祖先墓地旁建宅，逐渐发展成村落。据记载，歙县昌溪、潭渡、婺源理坑等都是从结庐守墓发展起来的。这种方式实质上是宗法制度与堪舆共同作用的结果。

　　（三）植定基树

　　植定基树也是徽州传统村落的一种选址方式。在选址前先植上樟、柏、梓、桂等寓意吉祥的树苗，然后通过树苗长势优劣观察该地水土条件优劣，作为终定村基的依据。如今有些村落中仍有高大的定基树存在，如歙县漳潭、瞻淇村中的千年古樟。徽州区唐模祖先汪氏，运用堪舆之术相中唐模，植银杏数株，结果一株茁壮成长，于是举族定居唐模，这株定基树现今仍然枝繁叶茂。

（四）神兽、神物指点

中国古代有崇拜神兽和神物的文化根源，古人将对动物的崇拜作为中国民间信仰的重要组成部分，表现了对生命和自然力量的敬畏，以及对美好寓意的向往之心。在"万物有灵"的思想指导下，古徽州人把神兽、神物指点作为徽州传统村落的一种选址方式，表达了徽州人追求人丁兴旺、六畜兴盛、五谷丰登、国运昌盛等美好愿景。例如歙县徽城镇"就田"村，原属南源口乡，村名来由的传说是，村人始居村后山谷，有两犬食后至一田边蜷伏，久之，村人以为吉地，迁而居之，俗名狗田，因不雅，改"就田"。

二、徽州村落的选址模式

徽州的选址模式主要有两类：理想的选址模式和非理想的选址模式。

（一）理想选址模式

徽州村落理想环境模式概括为"枕山、环水、面屏"：村落背靠祖山脉主山、少祖山、祖山，左右为护卫的砂山，村落的前面需有环绕的水系，或具有吉祥色彩的水塘，水的对面需要有对景案山，更远处是朝山。总的围绕村落形成，以主山、砂山、案山构成第一道封闭圈，以少祖山、祖山、护山以及朝山构成第二道封闭圈。村落背靠祖山，案山前有水系流过，有生财之意；高度最低至不仅能获得良好的视野的同时还不影响通风。这种理想的村落模式具有内向封闭的防御形态，村落（穴）落于内外围合的生气聚集之地，基地平坦、开阔（图2-1）。

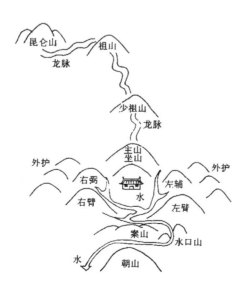

图2-1　古代理想选址模式
来源：课题组改绘

图2-2　黟县宏村——人工水系图（左）
来源：课题组自摄
图2-3　绩溪宅坦村——挖塘蓄水图（右）
来源：课题组自摄

（二）非理想选址模式

大自然千姿百态，一些村基地并非完全符合理想选址标准。对非理想的村落环境，古徽州人不是一味放弃，而是在尊重自然基础上进行积极改造，使之趋于理想的人居环境。古徽州人认为"以气之兴，虽由天定，亦可人为"。

非理想环境改造在堪舆说中被称为"补基"，表现为引水补基和挑土增高山脉、植树造林来赔补龙脉砂山。其中最常见的方法是引水补基。水是村基环境的基本要素之一，在堪舆说中占有极其重要的地位，村落所处环境应该是"以形势为身体，以泉水为血脉，以土地为皮肉，以草木为毛发"。

修建水坝、挖塘蓄水是引水补基的两个重要措施。

1.修建水坝：就是修建水利设施，对自然水系进行改造，便于生产生活用水。"引水补基"最负盛名的范例当属黟县宏村（图2-2），宏村位于黟县县城盆地的北端，符合村落选址要求，明以后村规模扩大，为满足生产生活需要，数次进行了大规模的水利设施建设。

2.挖塘蓄水：堪舆说认为"塘之蓄水，足以荫地脉，养真气"。绩溪宅坦村（图2-3）可谓通过"挖塘蓄水"完善村落环境的代表。民居环塘而筑，临水而居，村内外的水塘既解决了人们生产、生活、防火所需水源，又有美化村落和调节小气候的作用。

第二节　徽州村落的类型

徽州地区特殊的自然条件及人文背景，使其形成了类型多样的村落，依据不同的划分方式可将徽州村落归为不同的类型。依据村落所处的地形特征，可以分为盆地型村落、山坳型村落、山地型村落；受自然原始条件影响及居民观念的强烈作用形成了带状的布局类型、块状的布局类型、象形的布局类型、阶梯状的布局类型等；从村落的功能类型上可分为农耕居住型、商业交通型和综合型。

一、依据地形特征分类

依据所处地形特征的不同，徽州村落主要分为盆地型村落、山坳型村落、山地型村落三种类型。

（一）盆地型村落

盆地在这主要是指山间地势较为平坦的开阔地，即山间平原。由于徽州四面环山，层峦叠嶂，因此，地势平坦地区屈指可数。位于黄山、休宁、歙县三地所形成的盆地包含了大量的徽州古村落，如商山、棠樾（图2-4）、唐模等；位于黟县的盆地也包含了屏山（图2-5）和南屏（图2-6）。盆地型村落方圆几十里一马平川，四面环山，土层深厚，土质较好，可以利用其平坦地势营造家园，是村落选址的首选地。

（二）山坳型村落

山坳意为山间平地，此类村落大多为处于山坞、山麓的村落，区别于盆地型村落，其平坦范围较小，村落基本处于群山环抱之中，通常仅有一面（山道或水路）进出口，如宏村、呈坎、庆源（图2-7）、许村（图2-8）、历溪等。

图2-4　棠樾
来源：课题组自摄

图2-5　屏山
来源：课题组自摄

图2-6　南屏
来源：课题组自摄

图2-7　庆源
来源：课题组自摄

图2-8 许村
来源：课题组自摄

图2-9 灵山
来源：课题组自摄

图2-10 塔川
来源：课题组自摄

图2-11 阳产
来源：课题组自摄

（三）山地型村落

　　山地是一种起伏很大，坡度陡峭的地势，山地型村落的出现往往是村民为了躲避战乱或是因为耕种土地不足，而选择向山地开凿建村。相较于盆地型村落开阔平坦的土地，山地型村落则十分受地形制约，村落整体形态基本沿等高线布置，内部道路通过台阶联系，溪流自上而下流淌方便人们使用。如灵山（图2-9）、塔川（图2-10）、阳产（图2-11）、篁岭等。

二、依据象征意义分类

　　所谓"无村不卜"，即指堪舆对村落的布局有很大影响，在村落的布局中注重规划布局与自然的影响。人们为体现一种强烈的追求和精神意向，有意地去赋予一些有意味的图案，反映出了村民的某种心理趋向。

　　徽州村落按象征意义主要分为仿生型和象形附会型。

（一）仿生型

1.牛形

　　黟县宏村汪氏家族历史上曾多次遭受火灾之苦，故而他们在规划扩建村落时，十分注重水系规划建设。明永乐年间，汪氏家族就遍请高人勘山川、审脉络，制定卧牛形状的村落水系规划，历经一百余年，终于在明万历年间完成这一规划，造就了奇特的牛形村落（图2-12）。勤劳耕作的"牛"，为宏村带来了永久的好运。

2.鱼形

位于练江边的歙县渔梁村，平面布局呈现为两头窄、中间宽的梭子形，当地人自称这座梭子形村落是一座"鱼"形村落（图2-13）。村落主街——渔梁街两端低、中间高，呈弓形，构成"鱼脊骨"，由主街通过练江码头的巷道则如同"鱼肋骨"，主街地面的鹅卵石则为"鱼鳞"。村落紧邻练江，如鱼得水，只要练江水不断，这条"大鱼"就永远有生机。

（二）象形附会型

1.船形

黟县西递村依山形、随地势，整个村落的布局形态呈船形（图2-14）。西递为商贾集聚之地，船形村落布局形态正合西递胡氏家族外出经商、扬帆远航

图2-12（a） 宏村牛形布局（左）
来源：https://www.sohu.com/a/139334325_397484
图2-12（b） 宏村（右）
来源：Google地图

图2-13（a） 鱼（左）
来源：https://tw.pixtastock.com/illustration/33254397
图2-13（b） 渔梁（右）
来源：Google地图

图2-14（a） 船（左）
来源：https://www.sohu.com/a/197857324_353434
图2-14（b） 西递村（右）
来源：Google地图

之意。位于村落中心的宗祠和大小支祠组成了船的中心。全村数百栋民居构成了船体，每间房屋则成为一间间船舱。村头七哲祠象征着"眺台"，村头高大的乔木和旧时的十三座牌坊，宛如桅杆和风帆，村落四周连绵起伏的山峦犹如大海的波涛，西递胡氏乘着这艘"大船"在商海里航行了数百年。

2.棋盘形

绩溪县石家村是北宋名将石守信后裔在元末自歙县迁入后所建。安徽省博物馆收藏着一轴被石家村石氏族人视为镇村之宝的古《石守信报功图》，画中反映了石守信如何英勇作战、建功立业的故事。石氏后人为了纪念先人，崇尚军营生活，在村落布局形态上取整齐划一的棋盘形规划布局（图2-15）。

3.八卦形

具有"江南第一村"美誉的黄山东南麓徽州区的呈坎村，古名龙溪，后改为呈坎。呈坎四面皆山，山气茂盛：它东面是灵金山、丰山；西倚龙盘山、鲤王山；北邻葛山、长春山；南有观音山、马鞍山等八座山峰，不规则分布在四周，山与山之间有梯田、旱地相互连接，自然形成了八卦的八个方位。

整个村落按《易经》"阴（坎）、阳（呈）二气统一，天人合一"的八卦理论进行布局（图2-16），枕山面水，形成二圳三街九十九巷，宛如迷宫一般的神秘格局。古老的龙溪河宛如玉带，呈"S"形自北向南穿村而过，形成八卦阴阳鱼的分界线。从高处俯视村庄，但见向村外呈发射状的八条街巷，把整个村庄分割成大小八块，街巷互连，巷巷相通，成为一个完整的九宫内八卦。

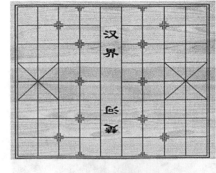

图2-15（a） 棋盘（左）
来源：https://www.nipic.com/show/34508219.html
图2-15（b） 石家村（右）
来源：Google地图

图2-16（a） 八卦图（左）
来源：https://baike.sogou.com/v364505.htmll
图2-16（b） 呈坎村（右）
来源：Google地图

三、依据功能类型分类

徽州村落的功能类型主要有农耕居住型与商业交通型两大类，两者相互依存，相互协同，农耕居住型村落中会有一些小的商业存在，而商业交通型村落中也有农耕成分，二者区别则是农耕与商业各自所占村落经济的比重大小。

（一）农耕居住型

农耕居住型村落占徽州村落很大比例，该类型村落经济来源主要是自给自足的方式。村落外部有大量的耕地，也有村民在山上种植茶叶，村落道路纵横交错，四通八达，也方便了村民的出入耕作。偶尔会有沿街门面，当村落内部有溪流穿过，两旁则会形成一定规模的商业。如黟县的西递、屏山、南屏（图2-17）、塔川（图2-18），歙县的唐模、棠樾（图2-19），祁门的历溪村等。

（二）商业交通型

商业交通型村落依托地处交通枢纽的便利，以商业贸易为主要功能和经济来源。如歙县的渔梁（图2-20），其整体呈现带状，村内由一条主街作为基本骨架，

图2-17　南屏
来源：课题组自摄

图2-18　塔川
来源：课题组自摄

图2-19　棠樾
来源：课题组自摄

图2-20　渔梁（a）
来源：课题组自摄

图2-20 渔梁（b）
来源：课题组自摄

次街巷向外延伸最终形成鱼骨状。主街两旁房屋多为前店后宅或下店上宅的居住形式，使得商业门面能充分利用，连接着主街的多条次街巷向着新安江延伸，目的是方便码头的人们进入主街内部，从而进行商品交易。此外，村民垒石为坝，经过历朝的修建，成为古徽州最大的拦河坝，也使渔梁成为当时徽州最繁华的水运商埠和商业街区。除了商业贸易，渔梁也有着大量的水田和少量的旱田辅以耕作。

第三节　徽州村落的形态演进

徽州地处山区，"新安介在名山大谷之中，四面环卫，众水环绕"。山水环绕的地理环境决定了徽州村落的大致形态，通过卫星地图与实地踏勘，不难发现徽州村落的形成与发展具有明显的地域特征。基于对大量村落形态的整理归纳，可以得出：不同的村落拥有相似的演进模式，影响村落形态的外界因素主要是受制于地理条件，内在因素主要受宗法制度和堪舆的影响。在自然环境与文化、经济等因素的共同作用下，徽州村落衍生出了不同的形态。

一、村落形态演进

徽州先民在建立第一代村落时，往往由族中长老按堪舆选址，拟定村落"概念"性布局图，然后逐步完成对村落的全部建设。村落的形态演进通常经历四个阶段：点状形成—线性发展—骨架生长—区块填充。伴随着村落的发展，达到一定规模，呈饱和状态时，徽州村落进行次代演进，将过剩的人口析出，析出人口在徽州境内迁移，择地而居形成新的村落。这种演进方式如同细胞分裂，分裂是基于宗族组织的，即族中某一支或若干支独立建立新的定居点，新的定居点逐渐发展而成小村落，再形成大型村落，随后再发生裂变，分出若干支村落，开始新一轮的循环。

（一）演进阶段

依据村落演进的基本规律以及对徽州村落的实地调研，第一代徽州村落形态演进阶段通常分为四个过程：

1.点状形成

村落处在初始阶段时，其形态基本取决于所处的地理环境，由于受到堪舆的影响，村落最初的选址都会尽可能背山面水，区域山地河流的分布大致确定了村落的基本形状，此阶段聚居规模较小，村落没有明确的道路和组团的区分，但随着宗族的裂解、商业的出现，抑或处于交通要道上的因素，其形态开始向带状与团块状发展的趋势。

2.线性发展

当村落作为小范围地域中心发展时，其轴向发展开始萌发。由于聚居规模较小，经济基础较差，难以延伸出多条街道，因此村落只会有一两条主要街道，村落沿主街方向线性生长，从而形成了村落的道路骨架基础。

3.骨架生长

由于宗族的裂解，支祠的出现，村落会出现多个小组团聚居区，小组团形成的巷道会逐渐与主要街道相连。此外，一些地处要道的村落，影响范围越来越大，带动商业发展的同时，也会使主要街道继续延伸，并生长出多个分支。

4.区块填充

受到地形与经济的影响，街道的延伸并不是无限的，当村落街道骨架基本定型时，发展便转移到村落内部，街巷之间的空地，部分区域会建起房屋，局部作为村民的菜园。当区块内部逐步衍生，村落的形态便饱和起来。

（二）演进内因

1.宗法制度

宗法制度在徽州地区影响深远，大到村落的整体营建，小到单体建筑的朝向、功能、空间等。徽州村落的整体布局中，祠堂始终占据着村落的核心位置，是村落和宗族精神的寄托之所在，村落通常会以主祠为中心，形成主要组团，随着支祠发展，小组团也逐步出现，这都促进了村落交通骨架的形成。此外，一些徽州考生博取功名后为了彰显家族，返乡新修祠堂、牌坊等，使得村落体系更加完善。

2.经济结构

村落内部有水系，便容易形成沿水的商业街，商业的发展促进沿水界面街道的生长，并逐渐出现多条支路，最终形成以祠堂为主的街道与商业街作为村落的主街，原有的街巷格局发生改变。一些处于航路要道的村子，商业、娱乐活动频繁。此时，经济的发展削弱了宗族礼制，村落的形态则会以商业街为主，呈现出带状发展。

（三）演进外因

自然因素是制约徽州村落演进的外因，一些地处平原的村落，因为地势开阔平坦，受地形限制较少，便于房屋建设，容易形成大片块状的聚居型村落；而位于山区的村落，则需要适应地形，顺势而为地进行房屋建设，这些村落很难形成大片的块状，偏向于适应山地肌理走势；依附于水路要道的村落，主要水道即是村落发展的主轴，并因此确定了聚落的形态走势。

第四节　徽州村落的空间

村落空间是容纳村民及邻里交往的物质空间，是包含一定功能、形态、氛围的场所。徽州村落人居环境空间体现了居民活动、建筑物与空间结构的和谐统一，是一个有机的聚合整体。本节旨在探讨徽州村落建筑空间之外的空间场所，将从两个方面加以论述：空间类型以及空间结构。空间类型是将村落空间按照不同的功能类型进行划分，空间结构则是村落空间中所隐藏的内在关系。

一、徽州村落的空间类型

在徽州村落中，公共空间无处不在，小到街巷中的井台空间，大到村内外的广场空间。公共空间丰富了村落的空间关系，使单一的街巷空间具有收放性，增强了场所的领域感；此外，公共空间承载了村民一系列必要性活动，也为人们提供了休息、交流、聚集场所。依据空间的功能不同，徽州村落主要包含三种类型的公共空间：生活性公共空间、礼仪性公共空间、交通性公共空间。

（一）生活性公共空间

1.井台空间

徽州水系发达，地下水资源丰富，开凿水井对居民生活用水起到一定作用。水井存在多种形式，常见的有公用水井（图2-21）、三眼井（图2-22）、室内井（图2-23）等。为了方便汲水和浣洗，井周围多用石条砌筑，从而形成井台。当井台处于街巷中，为了不影响交通，需为井台退让一个空间，这不仅打破了街巷空间的单调、封闭感，也为邻里提供了交流、活动的场所。

2.水塘空间

受到堪舆的影响，徽州村落开凿水塘十分普遍。水塘不仅解决了村民饮水

图2-21　唐模—公用水井（左）
来源：课题组自摄
图2-22　昌溪—三眼井（中）
来源：课题组自摄
图2-23　昌溪—室内井（右）
来源：课题组自摄

和洗涤的需求，还有排污蓄水的作用，同时也能作为建筑防火的消防水源。村民不仅在村口开挖水塘（图2-24），更多则是将其修建在村落内部（图2-25），以方便使用。村中的水塘往往是街巷空间的汇聚点，围绕着水塘通常建有祠堂、商铺、书院等建筑（图2-26），也预留了为村民晾晒的空地。水塘空间集聚了各类行为活动，是居民活动的触发器。

3.水埠空间

水埠即码头集中在沿河的部分，主要存在于带状分布的聚落，最典型的是渔梁，其鱼骨形的村镇布置有10个码头（图2-27），均匀地分布在河岸线上。水埠是水乡村落不可或缺的空间，是人与河联系的纽带，是汲水、洗涤、停泊、交易、运输的重要场所（图2-28）。水埠的出现示意河道的存在，也暗示街巷的端头延伸到河道，是河道与街巷的节点空间，水埠、河与街巷，形成完整的交通网络体系。随着历史的发展，水埠停泊、交易、运输的功能，已经逐渐淡出。

4.坦空间

在徽州村落，生活性的小广场通常称为"坦"，这种"坦"占地不大，多呈不规则形，据位置的不同，其承载的功能也多种多样。有些是当初房屋建造时

图2-24 宏村水塘
来源：课题组自摄

图2-25 雄村水塘
来源：课题组自摄

图2-26（a） 西溪南水塘
来源：课题组自摄

图2-26（b） 昌溪水塘
来源：课题组自摄

图2-26（c） 宏村水塘
来源：课题组自摄

图2-27 渔梁水埠
来源：课题组自摄

图2-28（a） 雄村水埠
来源：课题组自摄

图2-28（b） 呈坎水埠
来源：课题组自摄

留下晾晒谷物的，而有些靠近农田，用作堆积稻草、拴牛等用途，称为田坦。"坦"空间增强了街巷空间的收放关系，也丰富了村民的生活交往。

（二）礼仪性公共空间

1.水口空间

水口，即一村水之所出口。徽州村落的水口，一般距离在村落的一两里处（500~1000m），是徽州古村落构成的重要空间场所。在徽州人的传统观念中，水是财富，所以在古村落的诸多水口处，往往要架桥搭塔，筑亭建祠，挖塘植树（图2-29），目的就是为了增加锁钥之势，留住财气。

从整体上看，水口作为外部环境与村落之间的柔性边界，具有很强的引导作用，村民也经常聚集在水口区域，举行一些仪式、活动，游客则会在此驻足、观景、休息，因此，水口空间具有较强的公共性。

2.广场空间

徽州村落最大的室外公共空间便是广场空间，广场空间通常位于村口或是村子中心，且多与礼制性的公共建筑相结合，以突出广场空间的庄严性。

图2-29（a） 历溪水口
（左）
来源：课题组自摄
图2-29（b） 西溪南水口
（右）
来源：课题组自摄

图2-30（a） 许村村口广场
来源：课题组自摄

图2-30（b） 棠樾村口广场
来源：课题组自摄

　　村口的广场多设置牌坊、祠堂、楼阁、庙等建筑，也有的会种植高大的古树（图2-30）。作为入村的第一道空间序列，无论是建筑还是植被，都彰显村落发展的繁荣，也是划分村落内部与外部的领域性空间。相较于村落内部广场，村口广场规模较大，景观视野也更加开阔。此外，广场为村落举办大型庆典活动提供了充裕的空间，为村民的交往、休息提供了平台，靠近村口的区域也易于形成商业。

　　位于村落内部的广场空间连接着多条街巷，也是村落空间的中心节点（图2-31）。广场通常位于祠堂旁，在空间序列上为祠堂提供了充足的缓冲空间，相较于狭长的街巷，又显得十分开阔，也突出了祠堂的庄重。在日常生活中，广场承载着交流、休息、晾晒等功能，是村民文化休闲中心。由于可达性较高，人流容易在此汇集，也促进了商业的发展，靠近广场的房屋逐渐转型为店铺，形成了村落商品交易中心。

（三）交通性公共空间

　　交通空间是组成村落的基本骨架，村民的生活无时无刻不在此发生。交通空间具有"动态"性质，狭长的街巷或者狭窄的木桥会促使人们快速通过。交通空间主要包含构成基本骨架的街巷空间，依附于街巷空间的转交空间，连接着居住空间的入口空间以及位于河流之上的桥空间。

图2-31（a） 南屏内部广场
来源：课题组自摄

图2-31（b） 屏山内部广场
来源：课题组自摄

图2-31（c） 宏村内部广场
来源：课题组自摄

1.街巷空间

在徽州村落中，道路的空间形态并不统一，按宽度可以将其依次分为街道、巷道以及备弄。由于村落的公共建筑类型和数量相对较少，街巷便成为社会生活的主要载体。街巷空间作为村落生活的发生器和触媒器，不仅具有交通功能，也兼具交往功能。

1）街道空间

街道作为村落的主街（村落的主街通常有多条），空间较为宽敞，当主街邻水形成水街则更加开阔。街道的空间界面通常可分为房屋—街道—房屋（图2-32），房屋—街道—水（图2-33），房屋—街道—水—房屋（图2-34），房屋—街道—水—街道—房屋（图2-35）四种类型。

图2-32　渔梁：房屋—街道—房屋
来源：课题组自摄

图2-33　历溪：房屋—街
道—水（左上）
来源：课题组自摄
图2-34（a）　灵山：房屋—
街道—水—房屋（左下）
来源：课题组自摄
图2-34（b）　阳产：房屋—
街道—水—房屋（右）
来源：课题组自摄

图2-35（a）　唐模：房屋—街道—水—街道—房屋并置
来源：课题组自摄

图2-35（b）　屏山：房屋—街道—水—街道—房屋并置
来源：课题组自摄

2）巷道空间

相较于街道空间，通常由建筑物的山墙面围合成的巷道空间显得更加狭长，在空间感受上，巷道的高宽比较大，给人带来压抑、紧闭的感受，促使人们行进，因此交通功能也更加明显。巷道的空间主要分为两种类型，住宅间围合的巷道和住宅与庭院围合的巷道。

巷道两旁是附着黑色瓦片的马头墙（图2-36），靠近地面长有青苔。整个巷道空间虽然狭长，却不显得单调，屋顶上是错落的天际线，两旁墙面是年轮晕染出的水墨画，还有门洞、小窗、门饰等，增加了界面的凹凸感，同时削弱了巷道的压抑感。

巷道如果是由建筑物与庭院围合时（图2-37），空间则会显得较为开阔，这种类型的巷道局部存在于道路体系中，也为封闭狭长的巷道营造了空间上的收放。庭院的边界也有高矮虚实之分（图2-38），当巷道的侧界面为矮墙或围栏时，人们在行进过程中会被开放面所吸引，人与景观的交互性增强，空间的交通性减弱；当巷道的侧界面为高墙时，空间的交通性仍然为主导，但空间带给人的压抑感则会减弱。

图2-36（a） 呈坎巷道
来源：课题组自摄

图2-36（b） 唐模巷道
来源：课题组自摄

图2-36（c） 棠樾巷道
来源：课题组自摄

图2-37（a） 灵山巷道
来源：课题组自摄

图2-37（b）　唐模巷道
来源：课题组自摄

图2-38　呈坎巷道
来源：课题组自摄

3）备弄

备弄是典型的"高墙深巷"的形式，其宽度十分狭窄（图2-39），仅够一人通行。备弄空间界面比较单调。祠堂与住宅之间、住宅之间都会形成备弄。古徽州的村民在进行土地交易时，非常注意把住宅各个方向的边界都明确地标注出来。在不得不留出空间用于交通时，邻近的两户人家会各自向后退"一滴水"（大约0.4~0.6m），从而留出0.8~1.2m的巷道，也避免雨天雨水相互浸溅。

2.转角空间

转角空间是连接街巷的节点，包括L形、丁字形及十字形。不同形态的转交空间使得街巷空间不仅富有变化性，同时增强了街巷的使用性和可识别性。

1）L形的转角空间

L形的转角空间（图2-40）是经过一次转折，通往两个方向的道路交叉口，由于村落路网四通八达，因此，该类型转角空间多位于村落的边缘处，或者少量存在于邻近祠堂周围，在村落中比例较小。

2）丁字形转角空间

丁字形转角空间（图2-41）大量存在于街巷中，它不仅连接着三个方向，

图2-39（a）　唐模备弄
（左）
来源：课题组自摄
图2-39（b）　呈坎备弄
（左中）
来源：课题组自摄
图2-40（a）　阳产L形转
角空间（右中）
来源：课题组自摄
图2-40（b）　屏山L形转
角空间（右）
来源：课题组自摄

同时也满足藏风的需求。位于丁字形交叉口的转角处，房屋的立面通常会做成弧形，一是可以削弱尖角产生的对立性，二是可以增强空间的引导性。丁字形的平面形态存在多种，Y字形便是其中一种，通常存在于山地型村落，山地型的转角空间除了水平面方向上的变化，也存在着垂直面上的变化，转角的建筑也做成顺应转折的方向呼应。

3）十字形转角空间

十字形转角空间（图2-42）缺少方向感和场所感，它是人们最不愿意停留的地方。此外，徽州人还认为正十字是一种不好的形式。所以，十字形转角空间的平面形态都会按照一定的秩序发生错位，也会在局部形成放大空间。但总体来说，十字形交叉口在转角空间中占比较小。

3. 建筑入口空间

入口空间作为街道空间和建筑空间的过渡，存在着微妙的差别，纵观徽州村落的建筑入口，按照它与水和路的位置关系，可以分为两大类，即临街巷的入口和临水街的入口。

图2-41（a）　呈坎丁字形转角空间
来源：课题组自摄

图2-41（b）　雄村丁字形转角空间
来源：课题组自摄

图2-41（c）　阳产丁字形转角空间
来源：课题组自摄

图2-42　南屏十字形转角空间
来源：课题组自摄

1）临街入口

宅居的入口在面向街巷的一侧设有台阶（图2-43），门洞内凹并配有门罩，有的大户人家会在房屋前布置庭院（图2-44），以增强空间的序列感与领域感。而在山地型村落，由于地形原因，临近的两户住宅前后错落，形成局部的放大空间，此外，由于地势起伏，入户的街巷有时会形成独立的平台（图2-45），这都增加了入户空间的领域感。

相较于宅居，商铺通常是前店后宅或者上宅下店（图2-46），为了增大陈列、展示商品的面宽，都采用与开间等宽的拼板木门，白天完全向道路开敞，夜间完全封闭。商铺门揽外会横一条青石作为台阶，以显示入口区域。

2）临水街入口

跨河的入口空间私人领域性更强，石桥作为联系纽带，占据了街道的一小部分，也宣告了入口空间的开始。根据住宅到街道的距离，较短的可以直接设置台阶进入住宅（图2-47），适中的需要在桥上通行一段距离，较长的则会在桥上设置石凳供人们停留休息（图2-48），也为人们提供了交往空间。

图2-43（a） 唐模入口旁有台阶
来源：课题组自摄

图2-43（b） 棠樾入口旁有台阶
来源：课题组自摄

图2-44 阳产入口前有庭院
来源：课题组自摄

图2-45 阳产入口独立平台
来源：课题组自摄

图2-46 渔梁—上宅下店
来源：课题组自摄

图2-47（a） 灵山—由台阶入户
来源：课题组自摄

图2-47（b） 灵山—由台阶入户
来源：课题组自摄

图2-48 灵山—入户石板上设石凳
来源：课题组自摄

4.桥空间

徽州村落内部有诸多自然水系，民居沿水系而建并随其方向延展，水系制约了两岸的交通来往，架桥是促进交通的首要选择。这些桥多位于村落的中央，几乎从村落的各个方向都可见，丰富了村落景观环境。在徽州村落中，桥上建亭俯拾皆是，不仅可以引导行人过河，还可以遮阳避雨，提供休憩的空间。根据所在位置和作用的不同，徽州村落中的桥可以分为两种类型，即对外交通联系与对内交通联系。

1）对外交通联系

用于对外交通联系的桥梁通常建在村落外部或者村口处（图2-49），村落外部的桥梁起到村内外空间衔接的作用，如宏村南湖的石桥，将湖面分为两块，本身作为狭长的交通空间，供人们停留观赏周边之景；而处于村口处的桥梁，通常会有遮挡风雨的构筑物，部分还能登上二楼眺望景色，为人们提供了交往与休息空间，同时还成为村落入口的标志。

2）对内交通联系

水系渗透在徽州村落的各处，宅间被水系所分隔是徽州村落的常见场景。

当水面较宽时，通常以石砌桥墩作为承重构件，部分桥会加盖小亭子，或建起构筑物，保持交通功能的同时，还可以遮阳避雨，提供休憩的空间；水面较窄时，通常以平铺直达对岸，结构较为简单，桥的材质可以是石材（图2-50）也可以是木材（图2-51），但是为了结构的稳定性，通常会选择大块的石材铺桥。

图2-49（a）　灵山—村口设桥
来源：课题组自摄

图2-49（b）　宏村—村口设桥
来源：课题组自摄

图2-49（c）　庆源—村口设桥
来源：课题组自摄

图2-50（a）　唐模—石材砌桥
来源：课题组自摄

图2-50（b）　灵山—石板铺桥
来源：课题组自摄

图2-51　灵山—木材铺桥
来源：课题组自摄

二、徽州村落的空间结构

徽州村落的空间由各种要素组成，它们通过不同的组织方式形成了不同的空间形态，进而形成了多样的村落空间。这种将各要素组织并构成整体的关系，称为空间结构。徽州村落的空间结构主要包含两种，即"群"与"序"。

（一）空间群关系

村落空间包含多种物质要素，如祠堂、住宅、广场、街巷、河流、井台等，它们按照特定的构成关系组合成不同的空间形态，其整体便是体现构成关系的"群"。村落中存在着两种关系，即同层次要素之间的并列关系，附属于同层次要素之间的依附关系。

1.并列关系

由于河流贯穿徽州村落形成了独特的线性空间肌理，房屋通常沿河流顺势而建，在空间上具有较强的引导性，也形成了独特的街道风貌，而形成这种空间是通过河流、街道、房屋三种要素平行存在于同一轴线上，是一种并列的组合模式（图2-52）。这种模式通常分为四种，房屋—街道—房屋、房屋—街道—水、房屋—街道—水—房屋、房屋—街道—水—街道—房屋。

2.依附关系

村落除了块状与线性空间外，还存在着一些独立的点状空间，如水埠、广场、桥、交叉口、井台、牌坊等，它们数量众多并形式各异，但却都有一个共同的特征，便是依附于块状与线性空间的物质要素上，无宅街则无广场，无河流则无桥。此外，点状空间加强了空间要素的联系，使得空间结构更加紧密，桥把位于河流两端的街道连接在一起，交叉口是街道空间的交接处，广场是街巷交汇与房屋围合出的空间。当两种或多种空间要素通过某种要素联系在一起，这便是依附关系。

（二）空间序关系

"序"在辞海中的定义为次第，引申为按次第区分、排列。在徽州村落的外部空间中，"序"是研究事物关系的各种以历时性为基础的次序结构的原型，

图2-52 并列子群
来源：段进，季松，王海宁.城镇空间解析：太湖流域古镇空间结构与形态[M].北京：中国建筑工业出版社，2002.

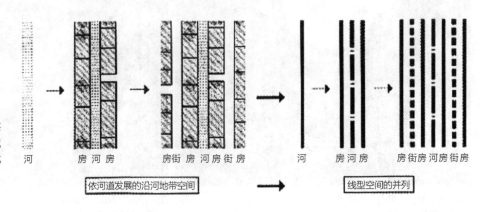

河　　房 河 房　　房 街 房 河 房 街 房　　　河　　房 河 房　　房 街 房 河 房 街 房

依河道发展的沿河地带空间　　　线型空间的并列

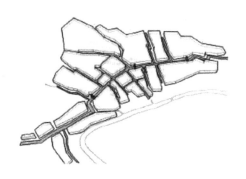

图2-53 瞻淇
来源：陈晶.徽州地区传统聚落外部空间的研究与借鉴[D].北京：清华大学，2005.

简单地说，"序"是指人在村落中经过若干空间从而形成不同的空间序列，这些序列存在着相互性的比较关系，主要包含两种：街巷空间序列和村落整体空间序列。

1.街巷空间序列

街巷空间一直是村落研究的重点，街巷使得村落摆脱了单一的结构，从而成为一个复杂的系统。街巷空间主要由主河道（主街道）、次街道、巷道、备弄构成，尺度随之减小，也是从公共性到私密性的过渡。村落一般由河道确定形态走势，次街道将村落划分为几个大块面，村落基本骨架形成（图2-53），随着居民居住区慢慢成形，住区内部巷道会逐渐与街道连接，街巷体系逐步成形，在住区繁荣发展的过程中，备弄也随之生成。

2.村落空间序列

徽州村落形态各异，空间多变，但是从深层次来看，各个村落之间亦存在着相似性。首先，其内部均由静态的"群"结合与动态的"序"结构组成，而"序"结构也是控制村落形态的重要因素；其次，堪舆对村子的营建起到至关重要的影响，也是人们创造理想生活环境的精神向往，堪舆经过长期的发展，形成了一套复杂的观念体系，对村落空间序列产生了极大的影响，也使徽州村落存在着诸如水口、风水林、明堂、祠堂相似的象征性元素。

本章小结

徽州村落在选址上遵循中国传统人居环境观，结合自然、社会、人文等因素，选取最有利的条件，不断追求理想人居环境和改造非理想人居环境，这不仅体现了古徽州人民的智慧，也在一定程度上反映了人们的精神向往。

基于徽州地区特殊的自然条件及人文背景，使其形成了类型多样的村落，依据不同的划分方式，徽州村落可以划分为不同的类型。依据村落地形划分，徽州村落划分为盆地型、山坳型、山地型；依据村落平面形状划分，徽州村落划分为块状的布局类型、带状的布局类型、象形的布局类型；依据功能类型，徽州村落划分为农耕居住型、商业交通型。

徽州村落依水而生，自发而成，整体空间形态呈现出自然、古朴、和谐的特点。在漫长的历史发展中，历经了"点状生成→线性发展→骨架生成→块状填充→新区扩张"的生长过程，形成了团块状、带状、混合状、不规则状等多种平面形态。

在空间上，村落空间按功能分为生活、礼仪、交通三大类型空间，其中又以街巷空间作为骨架和支撑，维系着村落内部各要素从而形成一个有机的整体。同时，交通空间连接着生活与礼仪空间，是村民活动的主要路径，也是人们交流、休息与经济交换的场所，其形态复杂多变，也构成了徽州村落的特殊品质与美丽，具有现代化城市所缺少的人文内涵与乡土特质。

第三章
徽州村落自然水系的改造

溪河是人类生息的依托，天然水系的基本格局决定了村落的布局，影响了人类的生存环境。人类沿溪生息，逐水而居，并通过对天然溪河的改造，形成了便于人们生活的水系网络。徽州村落的水系是古徽州人的智慧结晶，具有独特的地域文化特色。有关徽州村落水系的研究，对徽州村落水系传承、发展与创新有着重要意义。

第一节　徽州村落自然水系的分布与分类

纵观古今，人类的生产、生活都离不开水源，因此河流是徽州先民考虑村落位置的主要因素之一。徽州大部分村庄的周围或内部都有河流，如屏山村的吉阳溪、西递村的西溪、宏村的濉溪河、呈坎村的潨川河、石家村的桃花溪等，因为河流的存在造就了优美宜人的自然环境。

按照自然水系的不同分类标准，水系可分为不同类型。根据自然水系存在的几何形态分类，可将自然水系分为点状水、线状水和面状水；根据自然水系与村落的位置关系进行分类，自然水系可分为边缘型、穿过型和混合型。本节主要根据后者的分类方式，研究徽州地区的自然水系与村落的关系。

（一）边缘型水系

边缘型水系河流位于村落一侧或围绕于村落周边，在村落景观塑造上起到了重要作用。徽州的古村落大多受自然地势所限，能够利用起来的土地是十分稀少的，河流在徽州往往被两山相夹，一侧的山体由于河水长时间的冲刷而形成平坦的土地，村落只能就势坐落于水流的单侧，河对岸则是山势近逼。这样便形成了村落傍河而建的结构布局，这种布局的村落在徽州地区十分常见，诸如歙县的渔梁（图3-1）、雄村，黟县的宏村等。边缘型水系的村落布局除了能够保障村落的安全性外还能保护村落的完整性与统一性。

图3-1 渔梁与水系的位置
关系图
来源：课题组自绘

（二）穿过型水系

穿过型水系是溪流从村落内部穿过，成为村落内部空间结构发展的主线，是村落的主干。村舍民居沿水而建，充分享受河流所带来的生产、生活的用水之便。有的村落经过一段时间的发展，河流岸边房屋鳞次栉比，再加上河流在交通运输上的功能，买卖交易随之展开，并最终形成商业性质的水街。穿过型水系的村落在徽州地区不在少数，最具代表的如徽州区的唐模（图3-2）、呈坎，绩溪的太极湖村、冯村等。

（三）混合型水系

有的村落伴河而生，在众多河流的交汇之处，数个小村落经过几十年的发展连成一体，最终形成了一整片大的村落。这类村落一般街巷幽深曲折，村落以组团的形式连成一片，河流有的穿村而过，有的临村而过，形成了混合式的村落布局形式。如黟县西递村（图3-3）位于西溪源头，金溪绕村前、后边溪，盘村后、前边溪穿村而过，最后一起汇入漳河。

图3-2 唐模与水系的位置
关系图（左）
来源：课题组自绘
图3-3 西递与水系的位置
关系图（右）
来源：课题组自绘

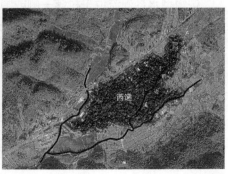

第二节　徽州村落对于自然水系的改造

中国人对亲水、理水有着源远流长的情愫。《管子水地》篇中有"水者，地之血气，如筋脉之通流者也。故曰：水，具材也。"将水比作聚落的血脉，"经脉者，所以能绝生死、处百病，调虚实，不可不通"。亲水是村落选址时首要考虑的因素，村落的起源发展都离不开理想的水源。在过去的农业社会中，凡耕渔、舟楫、饮用、灌溉以及调节小气候或美化村落环境莫不利用水。所谓"吉地不可无水""风水之法，得水为上"。良好的水源对于人类群居生活的发展繁衍起着重要的作用。水系的利用离不开水系的改造，理水是村落营建中人工科学技术手段的合理干预，人们通常将理念与古代人"天人合一"的哲学思想相契合，认为人类与自然是相辅相成、和谐共生的有机整体，并将自然水系改造成适应于村落发展的水系系统。

一、兴建水口

水口是徽州村落前结构的重要构成要素，本义是指村落之水流入和流出的地方。堪舆中的水口专指水流出处，有"水口者方众水总出处也"之说，水口也被认为是村落的门户和整个村落"吉凶祸福"的象征。因此，徽州每个村落水口都按照堪舆进行严格的规划，为了"藏气"和"锁财"，水口多选择在两山夹峙、溪流环绕之处，在溪口修桥、铺路，并在周围建筑亭台楼阁，以山村远处逶迤的群山为巨幅背景，构成动静结合、错落有致、层次丰富、气势壮丽的山水画卷。水口是村落空间的起始，也是进入村落的标志。

各村落的水口都以水造景，又各有千秋，有的在宽阔的河面上架起风雨廊桥；有的利用村口参天大树周围开挖水池砌石，小桥流水；有的拦河筑堤，拓宽水面。皖南地区群山连绵，因而村落大多较封闭，而水口恰恰是封闭式村落向外开放的地带，人们根据村口的自然河流在入口处建碣坝，水坝边置水车，造水碓房，茂林修竹，亭台楼阁，碧波倒映，使水系与村落的入口景色相得益彰，形成了丰富的水口景观。

如今，有多处村头水口景观依然如故，如徽州区的西溪南村依丰乐河（在村界内又称西溪）而建，丰乐河源自黄山南麓，是新安江上游的主要支流，水流清澈，是古徽州文明的摇篮，西溪南的水口景观由丰乐水、小木桥、枫杨林、亭台等构成，步上桥头，向对岸望去，绿树成荫，村庄人家掩映其中（图3-4）。再望向丰乐河的上游，一眼望不到头。穿越水口林间，走在阡陌交错的小路，老屋祠、绿绕亭、古水埠、溪边街，一一卷入眼帘。在移步换景间，不禁感慨徽商"满朝朱紫贵，江淮金银山"之盛况，也感受着水渠穿街，古韵悠悠，徽州人内心"儒雅"而深远的内涵。

图3-4　西溪南水口景观
来源：课题组自摄

二、修建水坝

　　水坝是重要的水系设施，徽州传统村落水系中多设水坝以调节水位，抵御和排泄村边山脉山洪暴发时的洪水。河水流量正常时，水坝就起着引导河流穿过、限定河流流向的作用；在暴雨季节，洪水暴发，这些河流水量陡增，若洪水泛滥，可能直接危及村落安全，此时关闭闸门，水坝就可以把洪水限制在河道中，阻止洪水进入村内。若洪水量即将过警戒水位，居民还可以有时间迅速向安全处转移（图3-5）。水系水坝是传统农业文明和先民生活起居的重要支撑，其遗构也是重要的物质文化遗产，见证了中华民族的智慧和伟大的创造力。

图3-5　渔梁坝
来源：课题组自摄

三、开圳引水

水圳是徽州村落水系最重要的组成部分，水系改造的主要目的是对非理想基址环境的完善，而水圳营建是其中最重要的工程。水圳修建主要是改造老河床并增加弯道，拉大长度，将水系引入村落，方便全村村民的汲水。

村落内部的水系，尤其是其中重要的水圳，总是在与外围水系和内部居民生活的长期磨合中逐渐形成和完善起来的，这种内外互动的建构过程成就了水圳和街巷骨架本体的合理性和有机性，一旦成形便相对稳定下来。由于水圳流经地段的情况复杂，为了既保证使用，又不妨碍建筑屋舍，还要考虑安全、水质卫生，因而一些水圳因地制宜，时隐时现，明暗相间。

如歙县呈坎先民巧妙地将自然溪流与人工水系相结合，创造出富有动感的村落。村静水转，自然溪水绕村南流，注入丰乐河。两条人工水圳过街巷时显，穿户时隐，时隐时现，在村前、村中、村后纵贯南北，中间横向多次联系，在村落中形成网状水系，恰似玉带环绕飘舞，使呈坎生机勃勃、极富生活情趣（图3-6）。

四、筑塘蓄水

《阳宅会心集》卷上《开塘说》中云："塘以蓄水，足以荫地脉，养真气。"即挖水塘可以用于蓄水，用以滋养土地，补养生气。挖塘的作用主要有两种：一是为了缓解上游来水的湍急，解决难以取用的问题，方便居民用水；二是为了收集雨水，可以在发生火灾时使用。开塘蓄水对于方便村民日常生活具有重

图3-6　呈坎水街
来源：课题组自摄

要价值，塘水可供居民洗涤、饮用，有时因开挖面积需要，用开湖代替挖塘，扩大蓄水量。

例如昌溪古村依山傍水，水量虽丰，却因村基堤岸与水面落差达十几米，而不利于生活取用。因此昌溪先人巧妙地利用发源于村后山谷中的三条溪流营建村落水源，从山脚起，就对溪流加宽改造，石砌护堤，保持水土，同时因地制宜，在村外溪边开挖水塘蓄水，现三条溪流上游共建有面积不等的水塘26处，小者仅半亩（1亩≈666.7m²），大者四五亩，缓解了用水的紧张，其村内也有大大小小的水塘储蓄雨水，以备不时之需（图3-7）。

五、凿井取水

地下水作为徽州传统村落中最清洁的水源，要靠开凿水井的方式得到。人们通常把井眼开凿在山脚、溪流边或田边，半山腰上或更高的地势上也有井眼。这种应用井水的方式，不仅解决了百姓的安全饮用水问题，且由于在村内设置合理的水井服务半径，因此方便了居民取用，使居民免去翻山越岭取水之苦。另外，由于水井井深数丈，还具有公共性质，所以在井口周边设置一圈明沟用以收集废水，使之渗透到地下，减少污染。

如黟县南屏村，万松林东北角的一侧，有一泓清泉，它涌出于石础下，久旱不枯。泉水清澈可鉴，其味凉爽甘甜，掬以煮茶酿酒，其味醇正甘洌，故曰：醴泉。此外，村中还掘有"三元井"四口，这些井水量丰富，水质特别甘美，可供酿酒，最为出名。婺源坑头村，先人从一口据说是吕洞宾所掘泉水井中取水，酿制"老水酒"，此酒酒质特佳，深得明代宰相严嵩所爱（图3-8）。

图3-7 昌溪员公支祠旁水塘（左）
来源：课题组自摄
图3-8 南屏三元井（右）
来源：课题组自摄

第三节　徽州村落自然水系的改造范例
——宏村水系

　　说到徽州村落的水系，宏村的水系形态可以作为传统村落中的一个代表。其独特的水街环境景观被中外游人赞誉为"世界最美的村庄之一"。该村背依雷岗山，大小水圳遍布全村，月沼、南湖错落其间，庭院水园星罗棋布，水质清澈，动静结合，虚实相间，对"天人合一"传统哲学思想的运用达到了最高境界。

一、改造历史

　　宏村建于1131年，即中原移民汪氏后代汪彦济举家从黟县祈墅沿溪河而上，在雷岗山一带建了13间房为宅，这就是宏村最初的基址。宏村的基址选定之后，虽然符合"背山面水"的需求，但是族人还是认为"两溪不汇西绕南为缺陷"。

　　《阳宅会心集》中"阳宅总论"对于村落理想基址还有如下描述："喜地势宽平，局面阔大，前不破碎，坐得方正，枕山襟水，或左山右水"。原来西溪的位置使村落基址局限于雷岗山以南狭长区域，没能达到"局面扩大、前不破碎"的所谓的理想模式（图3-9）。虽然族人试图改变，但无奈村落在发展初期，人力和财力较薄弱，因而没有实施相应的改动，宗谱的记载是："屡欲挽以人力，而苦于无所施"。

　　但是，西溪在村落选址定居140多年后向西南改道，改道后村落南面顿时开阔了很多，村落的人居环境得到改善。山下大片土地，吸引宏村人下山定

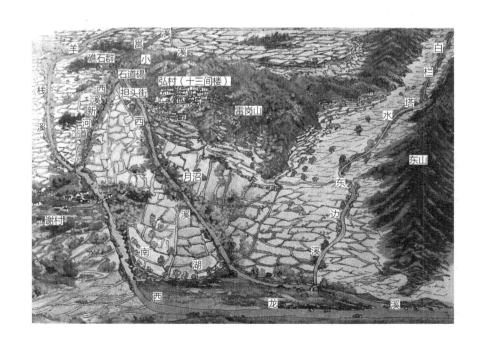

图3-9　西溪改道前的位置
来源：课题组改绘

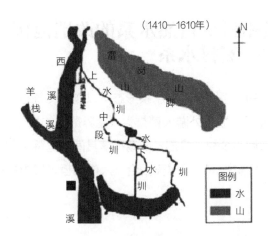

（1410—1610年）

图3-10 宏村人工古水系
来源：课题组改绘

居，形成零散的聚落。明永乐年间宏村人请休宁县的术师何可达来宏村勘察，并进行了较为细致的规划，何可达主张于村中挖月沼以利"中科"。同时又开掘400m号称"九曲十八弯"的水圳系统，从西溪引水，南转而东出，并贯穿了月沼。明朝万历年间，又因为只有"月沼"的"内阳水"并不完美，所以又在村南田地之上开挖"南湖"作"外阳水"以克制"村南方山赤如焰"，"逢凶化吉"。至此，宏村人工古水系自西北而南，以水圳盘旋村中，以辽阔南湖作为水系之尾，大的水系网络基本完善（图3-10）。

二、改造结果

（一）天然屏风

图3-11 宏村水口处的红杨树（左）
来源：课题组自摄
图3-12 白果树（右）
来源：课题组自摄

宏村的水口位于村落入口处，由西溪水道和小溪之水汇集而成，其最明显的标志除了一座架在西溪上的桥梁之外，就是两棵400多年的参天古树，一棵是红杨，一棵是白果（又称银杏树，图3-11、图3-12）。水口的作用，一方面是界定村落的区域和标识村落出入口的位置，另一方面是为了满足村民对"保瑞

"辟邪"的心理需求。对于水口的形式，讲究"源宜朝抱有情，不宜直射关闭，去口宜关闭紧密，最怕直去无收"。宏村的水口处蓄泓碧水，阡陌纵横，远处山峦起伏连绵，乃一天然屏风，整个景致构成一幅气势磅礴的青山绿水画卷。

（二）"牛肠"水圳

宏村水圳全长1268m，分作大、小水圳两部分，村中分流，大水圳向西，小水圳往东流入月沼。大水圳全长716m，分作上水圳、中水圳、下水圳三段。大水圳的宽度在0.40~1.15m，大部分地段圳宽0.6m左右。水圳的宽度很重要，宽了水就浅而慢，窄了洗东西不方便。水圳深度离地面30~50cm，枯水季节水位低，为了方便村民浣洗使用，大、小水圳沿线砌了41处石板踏步和6处亲水台阶。大部分村民离水源的直线距离均在60m左右，最远的也不会超过100m，说明当时在设计规划水系时也考虑到村民汲水方便。整个水圳犹如血脉，蜿蜒曲折，或聚或散，或明或暗，穿堂过户，九曲十弯，创造了一种"浣汲未防溪路远，家家门前有清泉"的良好生态环境，表现了古村落聚居环境和自然生态的高度结合，符合当代人类可持续的生态发展观和水治理的原理，也表明中国传统理水观念的意向性思维，富于科学性（图3-13）。

（三）水墨月沼

600年前，月沼是人工古水系工程的发端之作。当初考虑挖成池塘，成为"宅基洗心""镇村中丙丁之火"的贮水池。池塘的形状为半月形（图3-14）。

月沼实际地理位置坐标离村中心偏西30m，月沼水源除了少量泉水外，主要靠西溪活水，由于月沼面积不大，容量有限，当年大、小圳东西分流时向东流入月沼的水圳水量，仅占总引水量的十分之一。半月形水塘月沼占地数千平方米，因貌似弦月而得名。月沼四周可见连绵的马头墙，沿岸铺青石板，弦部用13根石柱连接石板，构成石雕栏杆，而弓部只留一条沿沼的小道。村妇在此

图3-13 宏村水圳（左）
来源：课题组自摄
图3-14 宏村月沼（右）
来源：课题组自摄

图3-15 宏村南湖
来源：课题组自摄

洗衣、嬉戏，只见炊烟缭绕，月沼如镜，好一幅"水映房檐，微风月沼春晓"的天然水墨画卷。

（四）诗意南湖

南湖是一个凿深数丈、四周砌石的巨大池塘，因位于村南而得名，半弧形的南湖在400年间经过三次疏通整治，如今是一片远山近水、粉墙青瓦的诗意景观。一座单拱的画桥立于南湖中，将湖一分为二。每逢盛夏，湖中茵草争艳、荷叶连连，被誉为"黄山脚下小西湖"。南湖与西湖有异曲同工之妙，只是南湖多了些乡间的野趣，也更多了些古人雕琢乡村家园的智慧（图3-15）。

（五）古韵水园

水圳引进的西溪活水流遍了全村，许多人家在庭院里引进活水，挖池塘搭水榭，待客会友，品茗观鱼，营造一个个风格别致、精致小巧的庭院花园，其间属碧园水榭、德义堂水榭、承志堂鱼塘厅以及树人堂水园最有灵气。而承志堂鱼塘厅和树人堂水园都是在大宅华厅之侧，承志堂素有民间故宫之称，承志堂鱼塘厅地基是承志堂整块地基的一个角，三角形的木结构显出了木匠师傅的巧妙构思，临塘两侧美人靠，鱼塘里锦鲤戏水，真是一个修身养性、幽静雅致的好去处（图3-16）。树人堂位于上水圳茶行弄口，建于清同治元年（1862年），利用正厅东侧六角形宅基的一个角，引进水圳的活水，掘一小池塘，小小庭院间，高墙斑驳，花坛里盆景错落其间，另有一番古韵（图3-17）。

宏村水系工程的建设经历了漫长的时间，它的形成与其特定的自然环境、社会环境、当时所掌握的技术手段以及审美观念密不可分。宏村的水系遍布全村，十曲九弯，有急有缓，绕家穿户，经久不衰，给村民们的生活带来了极大的便利。走进宏村，高低错落有致的马头墙、青石板路、忽隐忽现的水系和水面的浮光倒影，都构成了宏村古朴自然之美。

本章小结

　　徽州地区自然环境优越，水资源丰富，众多村落依水而建，根据自然水系与村落的相对位置关系可将自然水系划分为边缘型、穿过型和混合型三种。同时各个村落又以实际生活、生产情况的不同，对村落水系进行了不同程度的改造，来满足日常需求。兴建水口、修建水坝、开圳引水、筑塘蓄水和凿井取水，都是徽州地区各个村落对水系改造的常用方法。

　　徽州村落的水系是特定历史条件下，科学技术、经济社会条件、生活生产状况、思想文化等综合因素的产物，徽州先民在营村时就以水系规划为先，营建了功能相同、形态各异的村落水系。无水不成村落，古徽州水系的营建和管理具有丰厚的历史文化价值，水系遗产凝聚着传统文化精髓和人民群众的智慧。此外，徽州地区也为我们留下了的众多村落水系样本，各种水工构筑物应该受到妥善保护。我们还应重视民间有关水系营建和管理的文献、民俗研究，为今天的现代化建设服务。

图3-16　承志堂鱼塘厅（左）
来源：课题组自摄
图3-17　树人堂水园（右）
来源：课题组自摄

第四章
徽州建筑类型

徽州建筑发轫较早，形成于宋，成长于元，至明清时期达到鼎盛阶段，形成了具有独特地域文化特征的建筑艺术风格，成为中国民居建筑最具特色的流派之一。徽州建筑类型众多，包括宅居、祠堂、书院、戏楼、商铺、府衙、县衙、土地庙、道观、牌坊、桥、亭、塔等，现有遗存类型亦较齐备，可佐证当时的鼎盛；不同类别的徽州建筑具备多样的形制，又可进一步细分：以宅居为例，依据平面形制的不同，可分为"凹"形平面、"回"形平面、"H"形平面、"日"形平面等；每座宅居基本都由天井空间、厅堂空间、厢房和附属空间等共同组成；此外，祠堂亦可分为宗祠、支祠和家祠等，每座祠堂则基本由仪门空间、享堂空间、寝堂空间等组成。

第一节　居住建筑

一、宅居类型

明清时期，徽州民居信奉"居室地不能敞，唯寝与楼耳"，一般采用封闭的内向型合院结构，"内外一体"，多为三间、四合的砖木结构楼房；平面形制上，张仲一等总结为"口""凹""H""日"形等四类基本平面形式，其余无非是在此四类基础上进行变化和组合。名门望族，子孙繁衍，人丁兴旺，房子一进一进套建，形成"三十六天井，七十二槛窗"的豪门深宅，这种布局方式适应了当时宗法制度的需求，使得尊卑、长幼、主仆各得其所；而普通大众的屋舍则表现出小巧、实用的一面，大多为两层（也有三层）多进，各进皆设天井，以充分发挥其通风、采光、排水的作用。

故此，徽州宅居因其布局、形制、外观、装饰、等级等因素又可进一步划分，包含了商贾宅第、官宦士大夫宅第及普通民宅等类别。

（一）商贾宅第

徽州商人住宅，入口常采用贴墙式"商"字门楼，外墙不设窗或设高且小的窗，除防盗外，亦有防止家眷"红杏出墙"之说。据《明史·舆服志》中对屋舍的定制："庶民庐舍，洪武二十六年定制，不过三间、五架，不许用斗栱彩色……正统十二年令稍变通三，庶民房屋架多而间少者，不在禁限。"徽商为显富贵，光宗耀祖，又不敢破禁限，于是靠雕工的精细度、陈设的华丽用料来显示自己的地位。如志谱中记载的广田园室内家具与装饰"以沈檀诸香木为之，雕琢人物细镂如画。"但明代商人文化的"世俗性"尚未达到足够的强度，其装修的华丽复杂程度只是相对清代而言（图4-1）。

图4-1 屏山有庆堂"商"字门楣
来源：课题组自摄

（二）官宦、士大夫宅第

官宦、士大夫一族的宅第在大门入口处的台阶、大门形制、规模、大小和细部工艺等方面表现出与其他住宅不同的特点。官宅大门多加门罩，且门罩规模往往与自身地位相匹配，有四柱三间牌坊门式、垂花门罩式、八字门楼等，有的在入口两旁安置"抱鼓石"。大门内加设屏门，俗称"二道门"，一般为4~6扇，通常不开，仅在举行婚丧仪式或权位高于自己之人来拜访时开启。官宅内部雕饰甚少，皆因受到约束。为显地位尊贵，往往在房屋形制上增加房屋高度，加阔面宽，平面多为"五间官厅""一屋二井"样式。如建于明万历年间瞻淇的天心堂就属此类型（图4-2），插梁式木构架的空间高大宏伟，更具气势。

 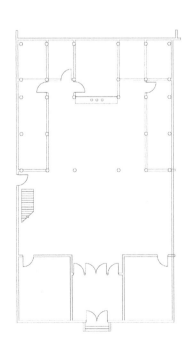

图4-2 思溪某宅入口（左），瞻淇天心堂平面图（右）
来源：课题组自摄、自绘

（三）普通住宅

在徽州，除商人、官宦、士大夫之外的大众，包括了佃户、帮佣、仆人等社会底层成员。他们的宅第占地面积小、形制单一，大门很少有门罩，室内空间相对较小，基本无雕饰，梁柱、家具等用料一般，做工简易，质量普通，因此也很难留存长久。

值得注意的是，由于徽人"亦贾亦儒"，各类住宅特征差异逐渐削弱，尤其到了清代"官商一体"，宅主多重身份导致居所特征交融现象普遍。

（四）明清宅居区别

明代民居与清代民居相比，楼上较为开阔，上下层高度比与清代相反。明代徽州民居多为"楼上厅"，即楼下低矮，楼上高敞；楼下隔扇外露，不加修饰；楼上木板铺地、雕梁画栋，是户主居住、待客、活动的场所；楼梯多设在天井左右两侧，使用方便。清代则刚好相反：楼上低矮，楼下高敞，楼下成了平常宴客、祭祀的重要场所，楼梯的位置也相应发生变化，清初，一般设在上下堂之间或者在后堂两侧，多加隔扇门；清中期后，楼梯多设在厅堂太师壁后，光线昏暗，陡峭不易攀爬，上下十分不便，由此可推断清代楼梯的使用率远远低于明代（图4-3）。

究其原因，可概括为以下几点：首先，徽州地区地狭人稠，为减少用地面积，徽人基本采用楼居的方式，且人口增长促使平面布局发生变化，楼梯的位置相应进行了调整；其次，徽州民居房屋结构有利于防洪、防潮和防虫蛇等，但随经济发展，徽人抵御外界侵害能力提高，家庭主要活动场所逐渐转移至楼下；然后在漫长的岁月里，中原建筑文化和山越建筑文化的相互融合，人们生活方式悄然转变，亦导致了建筑内外的变化。而且，明清建筑在用材、结构、装饰手法等方面均有不同。明代民居多呈长方形，清代基本如此，但清民居山墙超过屋脊，砌成马头墙，有三叠式、五叠式及弧形等样式；在用材及结构方面，明代建筑用材硕大，结构上保留了梭柱、月梁、替木、驼峰等宋式做法，

图4-3　徽州民居平面形式
不同时期对比
来源：课题组自绘

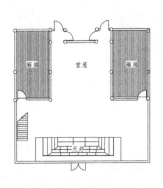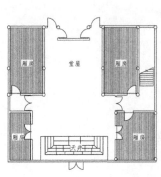

明代平面

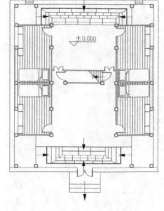

清代平面

而清代，明代惯用的冬瓜梁多改为矩形方梁；装饰上，明代雕饰与结构是统一的，雕刻适中，内容以几何形图案为主，风格古朴粗犷、典雅大方，清代则由明代的朴素大方演变成富丽奢华，雕刻也越来越细腻，内容由几何形图案为主发展到以戏文、民俗图案为主。

明代，徽州民居虽大的形制较统一，但依据宅主不同的身份、地位、经济状况，也呈现出不同的风格特点。

1.明代平面形制

程氏三宅为明代所建，位于安徽省黄山市中心城区屯溪区原柏树街的六号、七号、二十八号，古建筑学家傅熹年先生称之为"明代民居之瑰宝"，入选2001年6月国务院公布的第五批全国重点文物保护单位（图4-4）。

2.清代平面形制

1）"凹"形

"凹"形平面为三间一进楼房（在三间式的基础上也有无间式的，但为数较少）。三间式的进深与开间基本相同，平面约呈方形，加上四周高墙围护，形似一颗玉玺，因此又称为"一颗印"（图4-5）。

2）"回"形

"回"形平面又称四合式，俗称"上下厅"，也称"上下对堂"。为三间两进楼房，是两组三间式相向的组合，即门厅与客厅相对的四合式组合（图4-6）。

图4-4　程氏三宅
来源：课题组自摄

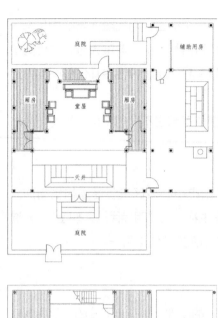
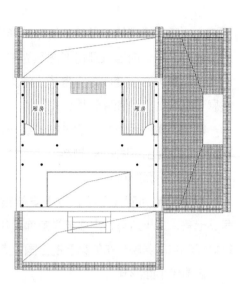

图4-5　"凹"形平面分析图
来源：课题组自绘

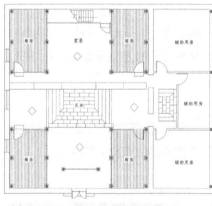
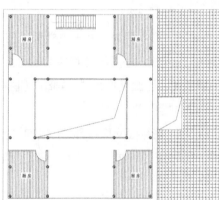

图4-6　"回"形平面分析图
来源：课题组自绘

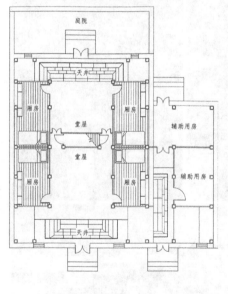
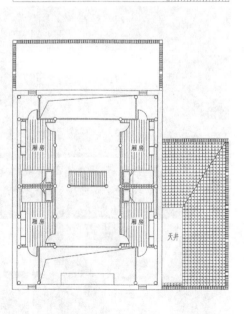

图4-7　"H"形平面分析图
来源：课题组自绘

3）"H"形

"H"形平面是三间两进堂中间为两个三间式相背组合。前后各有一个天井，前面天井一侧沿正面高墙，后面天井一侧沿屋后高墙。中间两厅合一屋脊，也称为"一脊翻两堂"（图4-7）。

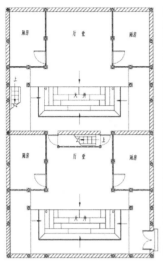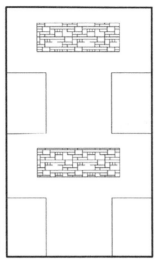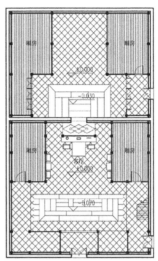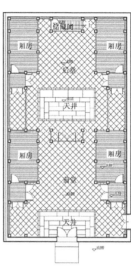

4）"日"形

"日"形平面一般为"凹"形平面组合而成。前后各有一进天井——第一进与第二进，第二进与第三进，以三间式为一单元，按中轴线纵向排列三进（图4-8）。

5）实例：巴慰祖故居

巴慰祖故居位于歙县渔梁中街，建于清代前期。坐北朝南，建筑面积约900m²，分前、中、后三进。前进为客厅，三楹，有天井、两庑及门厅；中、后进为住房，均为三合院，另有东、西厅。巴慰祖故居的入口与众不同，主入口是一拱门，门旁立有一块记述巴慰祖生平的石碑。柴门开在两房相邻的山墙之间，相邻的山墙间隔约有1.5m，目的是为了防火。穿过门厅，为一进天井，客厅檐下和香案的上方分别悬挂着"万淑长春""敦本堂"两块匾额。梁架简朴大方，仅柱托有雕刻，三进的书房和天井之间仅有一门，无墙，置画案于此，采光和景观俱佳。各院落之间均有圆门相连，别有情趣（图4-9、图4-10）。

图4-8 "日"形平面分析图
来源：课题组自绘

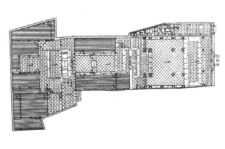

图4-9 巴慰祖故居正堂（左）
来源：课题组自摄
图4-10 巴慰祖故居平面图（右）
来源：课题组自摄

二、居住环境

徽州地处群山之中，新安江蜿蜒而过，景色旖旎，赋予了徽州古民居绝佳的外部居住环境。徽州村落大多依山傍水，建于水旁方便洗涤、饮用，同时可以灌溉农田、美化环境。徽居的古村落，街巷深窄，白色山墙宽厚高大，灰色马头墙造型别致。民居的这种形态构成，节约土地，便于防火、防盗、防暑、防潮，各家可做到自成一体且隔而不疏；错落有致的白墙灰瓦，在青山绿水中十分美观。

从宅居的内部环境来看，宅居的天井，承担了通风采光、给水排水、防火防盗的物质性功用；在"四水归堂"的美好祈愿下，反映的是徽人"肥水不流外人田"的质朴心理诉求。

第二节　衙署建筑

衙署建筑布局通常与合院式宅邸相似，其规模等级则因为中国传统礼制的严格规定，各级官署均有严格的区分不得僭越。这些礼法以法律的形式束缚着营造物的尺寸、数量、建筑形式，甚至连细部的装修也有着详尽的规定。但就形式而言，地方衙署和皇宫在格局、体制上是一样的，只是房间名称与规模大小不同而已。

一、徽州府衙

徽州府衙位于安徽歙县古城内。歙县始建于秦（公元前221年），筑城于隋，府衙也在此时期建立，此后府县同城近1400年。至宋（公元1121年）单设徽州府。经历代修葺完善，明弘治年间（1488—1505年），徽州府规模达到鼎盛时期，据《徽州府志》中记载其"规模宏敞，面势雄正，聿成伟观，人心欢悦"。此后历代均有修缮或扩建，但大体形制与布局沿袭不变。辛亥革命后，徽州府衙区域饱受自然条件、近代城市化所带来的消极影响，最终成新、旧建筑交杂的状况。2009年，歙县人民政府对徽州府衙历史地段进行整治保护。经过多方面的研究考量，决定对徽州府衙遗址本着形制不变、材料不变、结构不变、工艺不变的四个原则进行原址保护利用（图4-11、图4-12）。

二、黟县县衙

位于黟县城县人民政府中院的中轴线上。始建于宋宣和年间（1119—1125年），元、明、清均有毁兴，现存为清光绪初年知县陈德明重修。县衙占地160m²，歇山顶正方形建筑，屋顶边长与房高比例近1：1，坐北朝南，飞檐

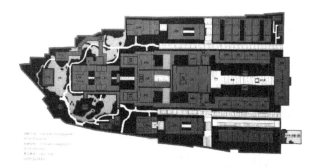

图4-11　徽州府衙平面规划图
来源：课题组自摄

图4-12　徽州府衙实景图
来源：课题组自摄

翘角，正面4根柱子立于鼓形柱石上，支承着梁头挑和额枋。柱枝衔接间无雀替，檐下无斗栱；正脊两端微微上翘，无吻兽相衬，垂脊也无角兽装饰。房低顶重，结构简朴。现为黟县重点文物保护单位（图4-13）。

图4-13　黟县县衙实景图
来源：课题组自摄

第三节　礼制建筑

在中国，礼制建筑被认为起源于祭祀。古时，伴随着祭祀活动，相应地产生场所、构筑物和建筑，被认为是最初的礼制建筑。在古人看来，礼制建筑是神灵与苍生的感应场，是进行人神对话与交流之圣地。

礼制建筑依其祭祀对象不同可分三类：①祭祀自然神；②祭祀祖先：帝王祭祀祖先的庙宇或祖庙称太庙，臣下则称家庙或祠堂；③先贤寺庙：古代中国为数较多的庙宇，一为孔庙（又称文庙），另一为关帝庙（又称武庙）。

在徽州，礼制建筑以祠堂为典型。徽州人"聚族而居"，宗族制度、宗法戒律的制订、管理及执行需要固定而隆重的场所，以满足形式所需。明清时期，徽州发展空前，建筑日趋华美，祠堂发展最为瞩目，不仅数量众多，更是占据了村落中重要的位置。

一、祠堂

祠堂是徽州建筑的重要类型之一。"有一类建筑，它们既没有繁复的空间层次，也没有惊人的体量和富有特色的造型，甚至恪守着传统形制，却能以雕饰的完美大放异彩。"徽州祠堂集"徽州三绝"——木雕、石雕、砖雕之大成，或简练粗放、典雅拙朴，或精湛细腻、玲珑剔透，具有很高的欣赏价值，是徽州建筑文化的集中体现。

从建筑形制来看，徽州祠堂较为固定。一般由位于中轴线的纵向三进院落组合其他建筑空间而成：仪门——庭院正堂——寝殿位于中轴线上，两边对称有厢房、廊庑等。整个祠堂沿中轴线对称，由大门至寝殿的地面逐级开高。从建筑整体形态上来看，徽州祠堂外观高耸、封闭，唯门楼为建筑浓墨重彩之处，体现着宗族的权势与当地匠人们的精湛技艺。

徽州祠堂数量众多，形式华美，工艺精湛，按不同的分类方式又可做进一步划分。

（一）按选址类型分类

1.边缘型

"边缘型"祠堂是将祠堂的位置与村落的整体位置相参照提出。在徽州，"边缘型"祠堂建造与村落比相对较晚，往往是族中有人经商成功，家族壮大后才开始召集人建祠。呈坎的罗东舒祠就属于这一类型（图4-14）。

2.村中型

在徽州，大部分祠堂都建于村落相对中心的位置。对徽州望族而言，祠堂承担着非常重要的功能，其建造是必需的。随着家族壮大，祠堂逐渐被与日俱增的宅居建筑包围，祠堂也由此成为村落的公共活动中心。宏村的汪氏宗祠即是如此（图4-15）。

图4-14 呈坎罗东舒祠
来源：刘仁义，金乃玲.徽州传统建筑特征图说[M].北京：中国建筑工业出版社，2015.

图4-15 汪氏宗祠
来源：课题组自摄、自绘

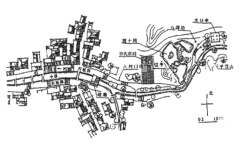

图4-16 许氏宗祠
来源：课题组自摄、自绘

3.村外型

徽州山多地少，用地紧张，宗祠多数建于村中及村边，建造在村外的祠堂较为少见，但仍存在。此类宗祠的建造常得益于村落周边用地开阔，家族不会有生产用地紧张之虑。歙县唐模的许氏宗祠就是这种实例（图4-16）。

（二）按功能对象分类

1.氏族宗祠

此类祠堂指一个宗族的宗祠或分支的支祠等，在徽州最为普遍，每个村庄、姓氏、支派几乎都有自己的祠堂，人们通常所说的祠堂主要是指此类（图4-17）。

图4-17　叶氏宗祠——秩序
堂（左），黟县西递七哲祠
（右）
来源：课题组自摄

2.先哲祠

徽州人向来讲究礼仪，尊师重道，建造专门的祠堂以示对先贤的尊重，表达对圣人的敬仰，提出对自身及后人的要求和殷切期盼。先哲祠由此应运而生，主要祭祀古代圣哲之人。如西递的七哲祠，主要为祭祀西递七大儒学大家而设立。

3.女祠

徽州女祠的诞生，一般认为是封建社会政治松散化倾向的产物，同时是徽州文化兴盛物化的结果。在今天看来，女祠的诞生是中国"孝文化"的又一体现，但其内涵却不止如此，它既是祭祀性空间，又是教化性和等级性空间，包含着对女性深深的禁锢和束缚。歙县唐樾清懿堂便是一座女祠（图4-18）。

二、文庙

文庙是祭祀我国儒家学说创始人——古代伟大思想家孔子的殿堂。为了用儒家学说统治人民、巩固地位，历代统治者争相推崇孔子思想并诏谕各地兴建庙宇，视为"道脉薪传"。《阙里文献考》中有记载："先圣之末世，弟子葬于鲁城北泗上。即葬，后世子孙即所居之堂为庙，世世祀之。"说明最早的孔庙是由孔子较小规模的旧宅改建而来。

唐代是中国封建社会教育事业"盛世"时期，

图4-18　歙县唐樾清懿堂
来源：课题组自摄

特别是唐代前期官学繁盛，明确规定了各地方官学必须设立孔子庙，由此产生孔庙与学校相结合的庙宇体制——文庙，从此文庙亦指孔庙，成为中国古代地方官办学校组成的一个特殊建筑类型。宋代开始各地州府县镇均纷纷建庙祭祀孔子，有些地方还将文昌阁与书院建筑也融入文庙建筑群之中。到清代逐渐发展成五殿、一阁、一坛、两庑、两堂、八门、一祠、三坊、九进院落的大型宫殿格局。

文庙作为儒家思想传播的圣堂，从殿、地、楼、阁的命名称谓，到门窗、阑额的装饰图案，无处不展示儒家文化的内涵。元成宗追封孔子为"大成至圣文宣王"，是孔子封号中最被认可的一个，因此以"大成"为名的文庙主体建筑——大成殿最能体现孔庙之特质，以礼义命名的"礼门"与"义路"，均体现出讲求孔学之道，必须遵循礼义制度。

位于绩溪县华阳镇的文庙书院，据清嘉庆《绩溪县志》载，始建于宋。元至元十三年（1276年）毁于战乱，至大元年（1308年）重建。明正德七年（1512年）对文庙进行大修，使其在原有基础上进一步扩增，并完善了文庙建筑的平面布局，新增了单体建筑。明嘉靖三十九年（1560年），时任少保胡宗宪捐资对文庙再次整修扩建。清乾隆四十二年（1777年）又重建文庙，历时8年告竣，沿南北中轴线东西对称布置建筑，依次有大成殿、露台、斋房、大成门、泮池、泮桥、泮宫坊、棂星门。自宋至清，文庙先后经过了20次修缮扩建。现除大成殿、泮池、泮桥外，其他建筑已不存，但基址仍在，其总体格局仍可一目了然（图4-19）。

三、魁星阁

"魁星"是北斗七星的前四颗星，中国古代神话中主宰世间功名禄位之神，因此古代文人多拜魁星。

中国多地都建有"魁星楼"或"魁星阁"，一般正殿塑魁星造像，其面目狰狞，金身青面，赤发环眼，头上两角；右手握一管大毛笔，称朱笔，左手持一只墨斗，右脚金鸡独立，脚下踩着一大鳌头部，意为"独占鳌头"，左脚扬起后踢，脚上是北斗七星。

图4-19 绩溪县华阳镇文庙书院
来源：课题组自摄

图4-20 绩溪县旺川乡石
家村魁星阁
来源：课题组自摄

位于绩溪县旺川乡石家村的魁星阁，建于清康熙末年（1715年）。阁楼基高
0.7m，阁高2.5m，楼顶采用七分水法，四面落檐，落地檐高17尺（5.7m），
楼台四角离地19尺（6.33m），每方用椽50根，阁正面上方，原有一块横匾，
上题"魁星阁"三字，匾的上方还有一尊魁星像。阁左侧有一长6.6m，宽、高
3.3m的土石平台，传说象征石家村始祖，北宋开国元勋石守信的帅印。平台中
间栽一枫树，犹如"印柄"。该阁布局独具匠心（图4-20）。

四、土地庙

原始社会地广人稀，自然资源过剩，人力资源稀缺，若遇洪水、山崩地裂
等自然灾害，人们唯有迁徙易地，对自然灾害充满恐惧。华夏子孙以农为本，
通过长期"人地"之间的感情投资，产生一种土地孕育着人类的关系学，对土
地有着神一般的崇拜与敬意，衍生出许多土地庙、山神庙。各村皆有，在庙中
供奉土地神以镇守一方水土。徽州传统村落里亦散落着一些土地庙、山神庙等
建筑。

（一）绩溪县龙川村土谷祠

土谷祠位于绩溪县龙川村的水口处。土谷祠原出自司马光的《司马氏
书仪》，在2005年龙川古村落开发旅游之际，将这一建筑重修再现（图4-21）。

"土谷祠"按土地庙原样恢复，成为徽州祠宇式建筑的一个缩影——袖珍祠

图4-21 绩溪县龙川村土
地庙（土谷祠）（袖珍祠堂
造型）
来源：课题组自摄

堂。其面阔仅11沟小青瓦2.2m，进深1.2m，山门月台两侧为八字形砖墙门。八字墙影壁上有楹联："五谷丰登六畜兴旺，风调雨顺四季平安。"享堂（神殿）置石供台，台面下为烧纸炉，台面上摆香炉，供台后为神龛供奉土地公、土地婆神像。两山墙为洞庙式卷棚形封火墙，墙顶盖双落水沟、滴小青瓦。两山墙有一对六角形漏窗（称龙眼），外墙面仿寺庙装饰以红土色涂壁。

（二）徽州区西溪南红庙

红庙位于徽州区西溪南（丰南）水口处，实为土地庙，因以红土涂壁得名。为神龛造型，建筑体量小而简朴（图4-22）。

（三）旌德县江村土地庙

旌德县江村土地庙为一幢袖珍民居式建筑。面阔9沟小青瓦1.8m，进深0.9m，正如楹联所云："天高日月长，庙小乾坤大。"麻雀虽小，但五脏俱全。外墙白灰细粉、画轮廓墨线，屋面砌马头墙盖小青瓦。庙内塑土地神石像，庙前掘一水井象征土地神守护一方水土。

（四）歙县渔梁渡口"奉敕安社"庙

徽州土地庙亦称"社庙"，《孝经纬》曰："社者，土地之神。土地阔不可尽祭，故封土地为社以报也。"封土地为"社"源于"神农氏"时代，《新语·道基》曰："至于神农，以为行虫走兽难以养民，乃求可食之物，尝百草之实，察酸苦之味，教民食五谷。"自有神农氏因天之时、分地之利、制耒耜教民农耕，为人类索求可食之物，发明农业。因"民以食为天"，历代天子皇帝建神农坛（社稷庙）每年并亲临祭之。

民间也建社庙以效仿，徽州体量最大的社庙乃今徽州区呈坎村之"长春社"；最小的社庙在歙县渔梁：此庙宋用石室神龛造型，石室以上下、左右、背面5块红麻石组合而成，宽1.3m、高1.1m、深0.7m，是以《周礼·春官宗伯》郑玄注："社之主，盖用石为之"。社庙前面不设门，在两边题楹联："日巡夜察庇佑一方水土，匡正驱邪锡祯万世子民。"神龛内供奉土地公、土地婆以安护社稷重任（图4-23）。

图4-22 （神龛造型）徽州区西溪南土地庙（红庙）（左）
来源：课题组自摄
图4-23 （石制神龛造型）歙县渔梁神庙（土地庙）（右）
来源：课题组自摄

第四节　宗教建筑

佛教、道教、伊斯兰教、基督教等几大宗教活动在古徽州一府六县境内均曾出现过,然活动历史各有长短,分布亦不相同。

佛教在徽州始于东晋、南北朝,兴于隋唐,盛于宋明而衰于清末,历史最长、分布最广、寺庙众多,属汉传佛教。徽州佛教建筑中供奉的多是菩萨,或文殊、普贤,或观音、地藏。在寺庵的僧尼均须落发、长年吃素。据县志载,东晋大兴二年(319年),僧天然在休宁万安镇水南村建南山寺。

由于皇帝的推崇,自隋唐始,佛教在我国迅速发展兴盛,徽州也不例外,仅屯溪就先后于唐贞观十年(636年)、会昌年间(841—846年)建新屯寺、齐祈寺和龙山寺。徽州佛教活动历经唐、宋、元、明、清五个朝代,到清末寺庙已遍布城乡,凡人口较多的村落或名胜风景处均建有寺庙庵堂且有僧尼居住。婺源县至清末相继建寺庙庵堂达290余座;黄山历代所建寺庙110多座,其中唐代7座、宋代11座、明代57座(图4-24)。

道教在徽州的发展始于唐代,兴于宋而盛于明。据县志载,唐大历年间(766—779年)庐山虎溪道士黄元素创建祁山禅院(又名龙潭观);唐乾元年间(758—790年),留下道教遗踪。唐代黄山亦建有九龙观、浮丘观等。

宋崇宁四年(1150年)黟县的洞灵观改为灵虚观,至清先后建天尊观、龙门禅院、真元道院、迎恩观等道观;宋代祁门县建龙兴观,元代县人谢本真在城南建上清灵宝道院,明代先后建有颐真道院、冲虚道观、上真祠、崇庆观等5处;歙县自唐至清先后建道观19座;婺源县宋元两代各建道院7座,明洪武二十四年有道观15座,至清代先后建有30余座;休宁县唐朝建有白鹤观,宋大观二年(1108年)迁址县城东南葆真山并更名"崇寿观",明代至清代,除齐云山外,有宫观14座(图4-25)。

图4-24　古徽州一府六县
示意图
来源:课题组自绘

图4-25　齐云山
来源：https://mp.weixin.
qq.com/s?biz=M₂A3NDQ
OODA₂MQ==&mid=2654
746226&idx=l&sn=77847
2ala17e1747ec92835b80
0la7ac&scene=0

一、道观：齐云山佑圣真武祠

据史料记载，唐乾元年间，道士龚栖霞，云游至齐云山，隐居于石门岩（即一天门）和栖真岩下，堪称齐云山开山祖师，道教奠基第一人。道士余道元来齐云山，筹资兴建佑圣真武祠（又称真武圣殿、真武阁）于玉屏峰下，香火日盛。

齐云山道教以正一派为主，尊老子为始祖，以《道德经》为依据，供奉的是真武大帝。"文化大革命"期间，齐云山道教建筑遭毁，真武殿、太素宫、洞天福地祠尽成废墟，道教活动被迫中止。20世纪80年代以来，随着宗教政策落实，休宁县成立了齐云山道教协会，统一管理该山道教事务，全面恢复了道教活动。1986年10月真武殿得以兴建，奉祀佑圣真武灵应真君（图4-26）。

二、寺庙：复松寺

原名"松寺庙""福寺庙"。寺庙原址在九华山至徽州古道间的一座山城外约5km处，依山傍岩、临溪而建。相传，唐代末年有一高僧云游至此，四方信众纷至沓来，敬香拜佛。历经宋、元、明、清弘扬佛法，讲经传道活动异常频繁、香火日盛，复松寺逐渐扩大建制，遂成道场。

据说，清嘉庆年间（1796—1820年），大德高僧普度禅师卓锡于此，并应化十方，为众生多谋福祉，甚为信众敬仰，圆寂后，成为金刚不坏之身，世人

图4-26　齐云山佑圣真武祠
来源：课题组自摄

图4-27 复松寺
来源：课题组自摄

尊为菩萨并虔诚供奉。1968年，政府于此地动工修建集旅游、灌溉、发电、水产养殖为一体的人工湖，取名为"太平湖"。1970年建成并开始蓄水，坐落在湖内蓄水区的原古台县城、太平县城及村民搬迁至别处安置，复松寺也随之迁至当今之地，并由当地村民信士募捐建一栋约70m²房舍，供奉佛像及普度禅师肉身（图4-27）。

三、山神庙

从"土地神"分离出"山神"来镇山护山，两者本属"双体同源"之神，与泰山之神有着不同的含义。山神原指泰山为神，《孝经授神契》曰："太山，天帝孙，主召人魂，东方万物始成，故主生命之长短"。汉武帝曾登泰山寻求长寿之方，《后汉书·乌桓传》载："如中国人'死者魂神'归岱山也"。泰山是华夏文明起源的中心之一，亦是千百年来中国某些名士的故土，按照人死后亡灵归故土的原则，把亡灵送往泰山是合乎逻辑的。《说文》中有："岱，大山也，泰山高与天接壤，可谓登天之梯"之说，所以魂系泰山是人们理想的归宿。在泰山建神庙祭山神亦成了全国各地效仿之例。

徽州山越先民也在自村所辖地最高的大山上建山神庙，除了效仿泰山"亡灵升天"的归宿外亦另有祈求，求山神守护山林，预防水土流失、山崩地陷。先民在动土问题上有许多禁忌，认为地有灵气，"顺其则吉，逆其则凶"。"可否动土"交于自然界土地神、山神决策行事，每逢动土前要举行"动土仪式"。在建房开挖土基前，"要请三界地主"（《鲁班经》）。徽州各村还签订有"村规民约"来保护大地万物。

徽州山神庙的建筑形式与道教建筑有很大关联。道家建筑寻求因地制宜、因形趋势，注重地势、地表、地物尽可能不破坏原生态，前后、左右合乎天然之道，以洞窟为室为观。山神庙也效仿此法，修于山灵水秀之地。

休宁古城岩五猖庙位于自然风化的红砂岩半洞穴内，在洞穴壁上塑五猖石像，石像前雕老虎脚式供桌，桌上置石香炉，显得天然风趣（图4-28）。也有村落在水口处建微型民居式"五猖庙"，有的不塑神像，只在神龛壁上画"五猖"神像壁画。如歙县昌溪留存明代所建之五猖庙。

（一）歙县深渡区彭寨尖，为徽州境内第二高峰，山间有一"三仙洞"山神庙。明嘉靖五年立碑记"初有石洞，立有女娲娘娘、太上老君、紫霞元君三尊神像加以祀典"。后人顺形趋势，在洞前用石砌庙门为石室洞府。

图4-28 五猖庙
来源：课题组自摄

（二）雨大圣庙：古时各村有求雨习俗，村民便为专司"雷雨神"建庙供奉以求风调雨顺。太平县西部建有一座雨大圣庙，采用二柱石坊造型为庙门，庙后紧贴山岩做神龛。造型庄重威严。太平县流行"晒雨大圣"求雨庙会，遇久旱无雨便把雨大圣像背到庙外放在田畈上暴晒，直到天下雨才结束庙会。旦逢举行"晒雨大圣"庙会年份，地主家就要减租。

（三）歙县漳岭山建一山神庙，采用远古先民半穴居方式"下者营寨，上者筑巢"。依山趋势在山岩上凿神龛，塑"吉安菩萨"神像。外立木构架盖树皮，如简易的原始亭构造形，巧妙地把木亭与石洞结合，自然成趣。

第五节　商业与手工业建筑

明清以来，商品经济发展，市民阶层兴起，徽州"仰给四方"的外向型经济发展迅猛，与杭州、赣州等地贸易交流频繁。农业经济中的集市交换渐渐被经常性的、规模更大的商业和手工业的集市商业区所替代。所谓"无徽不成镇"，商业建筑亦成为徽州建筑的重要类型。

徽州商业建筑最主要的特色是亦商、亦宅、亦坊，多功能混杂的建筑多由店铺、宅院、作坊、储藏场地、后院等构成，因经营方式、所处环境、地形等因素，各组成部分空间随之变化，各有侧重。但建筑多为二层，临街或临公共活动区的底层店铺为整开间的木铺板门，可活动拆卸，根据商业活动情况，灵活变动。

徽州商业建筑分类较多，依经营方式可分为商贸型、服务型和作坊型。

一、按经营方式分类

（一）商贸型

以商品贸易为主，如米铺、官盐行、茶叶铺等。这类建筑作坊场所可有可无，重点为店铺空间，中转货物的储藏空间较大。宅室一般位于后部或二楼。

（二）服务型

以为附近居民服务为主，如裁缝铺、理发铺等。这类建筑的作坊、储藏场所可有可无，相对来说总体建筑面积较小。宅室一般位于后部或二楼。

（三）作坊型

此类商铺属于家庭祖传手工制作商品的"自产自销"经营模式，如豆腐坊、笔砚坊等。作坊型商业建筑因制作产品的不同，坊的建筑空间差别较大。但基本是头进为"销"，二进为"产"，三进或二楼为"宅"。

二、按所处环境分类

依所处环境可分为码头、集镇的商业建筑和村落中的商业建筑。

（一）码头、集镇的商业建筑

古徽州稍大的商贸集镇，多附属水运码头，顺畅的水路交通承担着徽州特产的销出与外来商品引进。故而集镇的商业建筑规模较大，储藏空间也较大。如地形许可，则建后院直通水道。

（二）村落中的商业建筑

此类商业建筑位于村中主要巷道或活动中心，主要的经营方式为商贸（杂货）、服务和作坊。这类建筑往往带有沿水圳的街廊，满足村民购物、休闲、交往的生活需求。其形式多变，规模较小，店铺不大，作坊适用，宅居舒适，生意讲究的是熟门熟路，方便族人。

三、按功能布局分类

以功能布局可以分为前店中坊后宅、前店后宅、下店上宅后坊、下店后宅的商业建筑。

（一）前店中坊后宅

前店中坊后宅型商铺，前进为"铺"，对外开大门，两侧设柜台；过小门，二进为"坊"，空间较高，有的还设直通屋顶的天窗，以改善工作环境；三进为"宅"，与二进通过天井相连，楼上作储藏（图4-29~图4-31）。

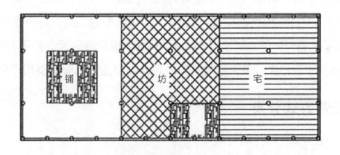

图4-29 渔梁坝实例1
来源：课题组自绘

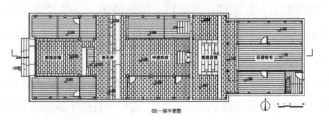

图4-30 渔梁坝实例2
来源：课题组自绘

04.二层平面图

图4-30 渔梁坝实例2（续）
来源：课题组自绘

图4-31 渔梁坝实拍图
来源：课题组自摄

（二）前店后宅

前店后宅型商铺，前进为"铺"，后进为"宅"，二楼为储藏（图4-32）。

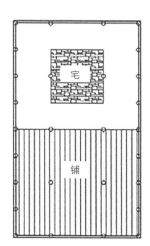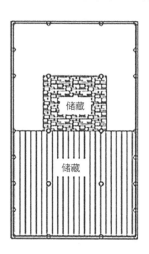

图4-32 泾县章渡某宅平面图
来源：课题组自绘

（三）下店上宅后坊

下店上宅后坊，底层前进为"坊"，宅居位于店铺二楼（图4-33、图4-34）。

图4-33 下店上宅型商铺实拍图
来源：课题组自摄

（四）下店后宅

底层为商业店铺，二层为宅居（图4-35）。

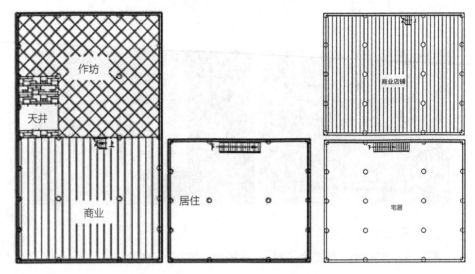

图4-34 平面图（左：一层平面图 右：二层平面图）（左）
来源：课题组自绘
图4-35 歙县渔梁某宅平面图（右）
来源：课题组自绘

第六节　教育与娱乐建筑

一、书院

古徽州历来崇文好儒。北宋时期，由孔子所创立的原始儒学在周敦颐、程颢、程颐等学者鼎力钻研与传承发展下，融入佛教、道教思想成为新儒学——理学，并由南宋朱熹集为大成。徽州作为"朱子桑梓之邦"，自然"邹鲁之风"得以盛传，加之宋理宗题匾、赐匾之举，使程朱理学被奉为徽州文教正宗，极大地促进了徽州教育机构的发展。清道光《休宁县志》记载："当其时，自井邑、田野至远山深谷，居民之处，莫不有学、有师，有书史之藏。"为传播朱子思想，培养名儒志士，徽州望族纷纷出资兴办教学场所。传统学院教育虽分为私学与官学两条分支，然其时官学衰落、科举腐败，且徽州地处偏僻、远离朝纲，私人设立的书院，便成为徽州主要的教学与教化场所。

明清时期，虽经历了几次政府禁毁书院、加强官学之举，徽州私学之风却更为兴盛，私学机构总数当以千计。究其原因可归于两点：其一，明清时期徽州商贾云集，徽商虽积累了巨大的财富，但封建时期"重农抑商"的观念仍占据人心。无论资产多雄厚，徽商仍满怀其子孙习儒而出仕的心愿，故斥重资以修学堂；其二，徽州宗族大多为中原迁入的名门望族，族中普遍认为"一族之

中，文教大兴，便是兴旺气象。"这也为儒学教育的发展以及教育场所的设立提
供了坚实的基础。

（一）按主办机构分

一般可分为：官办书院、族办书院、私人书院和私塾。

1.官办书院

休宁还古书院属于官办书院，具有徽州书院建筑的共性，书院依山而建，
共四进，第一进为门厅，第二进为讲堂，第三进是德邻祠，第四进是报功祠
（图4-36）。

2.族办书院

族办书院是由宗族创办的书院。族办书院的选址要考虑环境因素，建筑布
局大多巧而得体。

竹山书院位于歙县城南6km的雄村，是清乾隆年间曹翰屏所建，砖木
结构，建筑面积1130m²。门外有空场，场边为桃花坝，坝下临江。主体为
一厅式建筑，二进三楹，厅堂进门是前廊，隔天井为三开间后堂。右廊有一
侧门，通向内院。这里既有教室也有先生的书斋和住宿、活动用房。中间辟
有小院、花圃。廊道尽头，有庭园，名"清旷轩"，是一小型古典园林。当
时曹氏族约有"子弟中举者可在庭中植桂一株"之说，故此轩又名桂花厅，
厅内仍有桂花树数十棵。此外，还存有乾隆时期大诗人曹学诗的"清旷赋"
屏障，书法家郑菜的"所得乃清旷"小篆匾额，及摹刻颜书"山中天"石刻
（图4-37）。

3.私人书院

在徽州，为讲学和传播理学需要，讲学者或其弟子创办书院，即为私人书
院。书院选址偏好群山环抱、流水潺潺、绿荫掩映的优美环境，创办人认为这
样的环境能促进文人学子修身养性、感悟人生（如歙县古紫阳书院）。

古紫阳书院位于歙县县城华屏山南坡，始建于南宋嘉定十五年（1222年），
时名文公祠，后残破不堪，清乾隆五十五年（1790年），由邑人曹文埴倡议复
建。彼时，由一批重视儒学的徽商集资于旧址重建，建筑物近1800m²，中轴线
上前为朱子殿，中为尊道堂，后为市斋祠。图4-38中从左至右依次为据德舍、
志道舍、依仁舍、游艺舍。凡是教学用房，皆用甬道间隔。朱子殿前坡下为考

图4-36　休宁还古书院
（左）
来源：施璜.还古书院志[M].
图4-37　竹山书院全貌
（中）竹山书院清旷轩（右）
来源：课题组自摄

棚；左为院门，外有"古紫阳书院"石坊；右有文公井，为郡城名泉之一。在朱子殿内，存有清康熙三十二年（1693年）皇帝御书的"学达信天"匾，乾隆九年（1744年）御书的"道脉薪传"匾、"百世经师"匾，以及乾隆五十五年（1790年）著名学者程瑶田书写的"古紫阳书院规条"石刻。东南雨道上有一座由曹文埴题额的"古紫阳书院"石门坊。值得一提的是，这座书院乃为纪念理学大师朱熹而建，南宋以后理学盛行，得到历代皇帝推崇，"紫阳书院"院名后为宋理宗所赐。

4.私塾

徽州域内群山环绕、村落散布的独特地理自然环境，建立大型的书院并不能满足较为分散的村中宗族子弟的读书需求；地狭人稠的特点使得徽人要通过经商、科考等途径走出闭塞、农业资源匮乏的大山；徽人崇尚儒学，喜好读书，具有较强的宗族观念，考取功名光宗耀祖乃理想所驱，因而村中私塾渐起，为族中学子提供学习读书之地。明清时期，徽州私塾数量呈迅速增长之势，抱一书屋即建于这样的背景下（图4-39）。

许氏大院位于歙县斗山街，建于清初。为二进一开间，入口为一窄小的棋门，进门后空间豁然开朗，正堂高5m有余，顶棚和梁架均有精美的彩绘，是典型的徽州私塾建筑结构，正厅主要是用来讲学和祭孔的场所，两侧柱子上挂着落地的匾额，香案上方高悬孔子画像；楼上是学子读书的地方，穿过左侧的镜瓶门是先生的寝室。整个院落布局讲究，院中栽有多棵桂花树，采用苏州园林的造园手法，别有一番儒雅风味（图4-40）。

（二）按平面形制分

1.礼——中轴对称布局

"礼"对中国古代社会的影响不仅表现在思想观念上，亦深入社会生活的各个层面。礼的思想反映在建筑布局上则为：以居中为尊，力求中轴对称，通过轴线层次序列，以别尊卑、上下、主次、内外。

图4-38 古紫阳书院
来源：朱益新.歙县志[M].
北京：中华书局，1995.

2.乐——自由式布局

"乐"的思想表现在建筑布局上就是指不严格对称，无明显的主次之分，根据需要的自由组合宜人的空间尺度和体量。"乐"的这种特点主要体现在书院建筑的辅助建筑部分（图4-41~图4-43）。

图4-39 抱一书屋（左）
来源：课题组自摄
图4-40 许氏大院（中、右）
来源：课题组自摄

二、戏台

戏台，是中国传统戏曲的演出场所。徽州现保存明清时期的戏台数量不多，祁门县的新安乡、闪里镇一带的古戏台建筑能完整地保留至今，在全国亦较为少见，说明古徽州人十分热爱戏剧活动。这些戏台形式多样，极富地域特点，以"布局之工、结构之巧妙、装饰之美、营造之精"而被世人称奇，不仅可以体现中国古代民间建筑的艺术风格，更体现了几百年前古徽州经济文化的重要特征和乡风民俗。徽州戏剧早期在村中空旷平坦场地上进行，随着徽班在徽州地区的活跃，明末清初，戏台的构筑随之兴盛，戏剧表演场所相对固定。

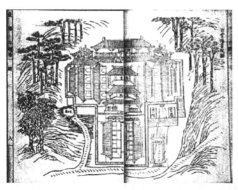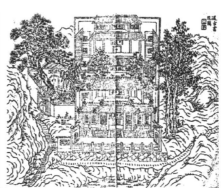

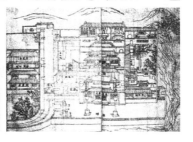

图4-41 休宁还古书院图
来源：施璜.还古书院志[M].
图4-42 歙县雄村竹山书院（左、中）
来源：课题组自摄
图4-43 休宁海阳书院图（右）
来源：唐永宽.休宁县志[M].安徽：安徽教育出版社，1990.

一般徽州的戏剧表演场所由戏台（台面布景道具简单，但顶部设有藻井改善音响效果）、后台和观众席（女眷观戏场所隐蔽、固定，一般在二楼；男眷观戏场所开敞、不固定，一般在一楼）组成。

徽州古戏台大多设在祠堂内，从外观上看与祠堂共为一体，外墙夯实，底部用条石做基础，顶部做成跌落形或弧形，用青瓦覆顶，端部形似马头，对外一般不开窗户，与巷道相通的为两侧耳门，大门在正面。戏台位于祠堂内前部，与享堂相对，这是有别于其他地区戏台设置的典型特征之一。固定式戏台和活动式戏台的形制视情况而定，朝向随祠堂，并与享堂相反，从现存古戏台来看，固定式戏台所在祠堂一般不设大门或门楼，有的仅在两侧设门进出；而活动式戏台所在祠堂均设大门和门楼，有的无需拆卸，可开启大门，由戏台下入内，这是由于在结构处理上后台退让大门开启的位置所致。

徽州古戏台除了设在祠堂里之外，还有一种单幢式。戏台的支撑结构、构成方式及顶部构造是一个完整统一的整体，优点是构造简单。这类戏台一般建在村庄中心，台下没有围墙，观众容量大。

值得注意的是藻井在徽州古戏台上的运用。在戏台明间（演出区）的正中央天花处，设有层层上叠、旋收成屋顶的窟井，名曰"藻井"，其作用不仅在于装饰美观，更主要的是藻井所形成的回声能产成强烈的共鸣，使演员的唱腔显得更加珠圆玉润，且有扩音的效果，使观众在远处也能听得清楚。最初的藻井，除装饰外，有避火之意。后来人们在使用过程中又发现了其物理特性——吸声和共鸣，这种发现自然而然地被运用到戏台建筑当中。

徽州古戏台按其服务对象可分为家庭戏台、祠堂戏台和寺庙戏台。在徽州，祠堂戏台是建得最多的一种戏台，也是现今保存最多的戏台。

1.家庭戏台

家庭戏台指在自家宅院中修建的戏台。明清时期，徽商财力雄厚，因徽商大多都喜爱戏剧，其中一部分会在家中蓄养家班。吴越石应当是家蓄戏班的徽商中较出名的一位，据记载，汤显祖所写《牡丹亭》刚开始被戏班表演，吴越石的家班便开始在自己的舞台上表演，他的家班也因此出名。蓄养家班的徽商自然会在自家宅院修建戏台，家庭戏台便诞生了。徽商蓄养的家班一般供亲朋好友娱乐之用，当家中有贵客来访时，便令家班表演戏曲。由于徽州地形等条件的限制，家庭戏台的面积不大，一般用于演出规模较小的剧目。这类戏台在徽州留存较少，歙县郑村乡竭田村吴宅戏台、休宁县程氏家庭戏台及汪氏家戏台就属于家庭戏台。

汪氏家戏台位于休宁县县城，建于明代后期，坐北朝南。平面布局不对称，大门内退两边山墙5m，留出一个晒场，门为棋门，上有一块青石匾额，刻"卤园"二字，进门后天井在左侧，天井中有一方形水池，四周有栏板，水池后是家庭戏台，戏台三开间贯通，有100m²，与戏台右侧相连的是正堂，一楼有客厅和厢房，二楼对天井一侧均为落地隔扇门，外有栏杆，亦可在二楼观戏。天井的左侧是厢房、书房、厨房等，为二层楼。底层最外一间有一门对外（图4-44、图4-45）。

2.祠堂戏台

徽州人多聚族而居，族人以宗法管理家族，祠堂往往是村落中最为恢宏壮丽的建筑。因戏台与祠堂相融，从外观上看无法分辨，但内在实有差异。祠堂戏台顶部，一般是迭落形或是弧形，用青瓦做碟，而上端是徽州最负盛名的马头墙。作为一种独有的建筑符号，马头墙的出现，使得徽州古戏台和全国任何一处的古戏台，仅从外观上就区别开来。

徽商在外经商致富，为光宗耀祖，大多会选择回乡，修祖宅、建新宅、大兴土木、修建祠堂。在徽州，几乎是每姓一祠，有整个家族的政治权利中心——宗祠，也有宗族旁支之祠——支祠，且这些祠堂的内部往往会藏着一座古戏台。祠堂可以说是一个家族的"政治文化"中心，而戏台在徽州祠堂里则可以称作点睛之笔，祠堂里的戏台首先是子孙们欢聚一堂，观看戏剧之用；其次，祠堂戏台在逢节庆时，作演戏祭祖之用，体现着古代"尽忠尽孝"之思想；再者，祠堂戏台可作罚戏之用：祠堂作为家族的政治中心，当家族中有人违反家规时，其中有一项处罚即"罚戏"，"凡违禁者在祠堂戏台罚戏一台"是徽州特有的习俗。

徽州目前遗存下来的古戏台大多属祠堂戏台。祁门11座古戏台全部为祠堂戏台。祠堂戏台又分为活动戏台和万年台（固定戏台）（图4-46）。

一种是戏台与祠堂前进合为一体，不唱戏时是祠堂的通道，装上台板，就是戏台，这种戏台被当地人称之为"活动戏台"；另一种戏台也建在祠堂内，但却相对固定，被称为"万年台"，聚福堂古戏台属于祁门祠堂古戏台中的"活动戏台"建筑形制。

图4-44 汪氏家戏台外观（左），汪氏家庭戏台入口（右）

来源：课题组自摄

图4-45 汪氏家戏台天井
及戏台（左）
来源：课题组自摄

图4-46 会源堂戏台（万
年台）（右）
来源：课题组自摄

整座聚福堂古戏台中轴线自南向北平面布局依次有：祠前广场、前进门屋、中进享堂、后进寝堂等，后天井东西两侧耳门外与祠堂外巷道相通。

聚福堂古戏台的建筑平面布局形式体现了以祁门古戏台为代表的徽州古戏台平面布局典型特点，即戏台位于宗祠之首，入口门屋内，一方面远离寝堂，不会打扰祖宗牌位的安静，另一方面与享堂正对，又可以与祖宗同乐。

徽州戏台对功能的要求决定了戏台在祠堂中的重要地位，这种地位又形成了戏台分隔祠堂内外空间、戏台与享堂相向的建筑布局特点，实现了戏台与宗族祠堂的完美结合（图4-47）。

3.寺庙戏台

如果说祠堂戏台的作用是娱人，那么寺庙戏台的作用则主要是"娱神"。让神仙和祖宗同世人一起欣赏世俗的戏曲，也体现着徽州人"天人合一、人神同乐"的思想。此外，寺庙戏台也有酬神的作用，徽州人经常会在寺庙举办求雨求太平等一些祭祀活动，这些活动一般会和戏曲相结合；寺庙戏台"寓教于乐"的作用，徽州的《目连戏》即由佛教故事发展而来，可以说在娱人、娱神的同时，还起到教化的作用。因此寺庙戏台在徽州地区也是一种重要的戏台类型，绩溪的大石门古戏台就是典型的寺庙戏台。大石门古戏台位于绩溪县大石门东南村头，同佛太尉（唐初越国公汪华）庙、社庙及和尚庙毗连成一体。坐北朝南，与佛殿朝向相反（图4-48）。

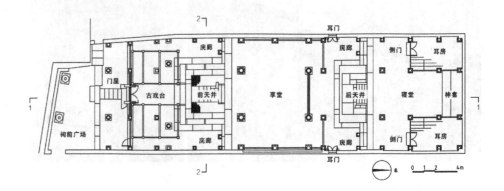

图4-47 聚福堂古戏台
来源：课题组自绘

图4-48 大石门古戏台
来源：课题组自摄

第七节 景观建筑

一、桥

桥是为了跨越水面或山谷而修建的一种建筑。

徽州地区多水多山，过去，桥成为连接河两岸、山两边的途径之一。水成就了桥这一独立的构筑物，使其有着特殊的空间形态，"近水而非水，似陆而非陆，架空而非架空"。桥是水、陆、空三系统的交叉点和聚集点，成为极为重要的依水景观。在徽州，村落以山环水抱为贵，往往通过桥与外界相联系。无论是作为村落主要的流线组织，还是景观序列，桥梁都具有不可替代的作用。徽州人认为桥具有"关锁"水流的作用，为增加水口的闭合，往往将桥设在水口区域，周围辅以堤、树、亭等元素。于村落而言，桥本身既是构成风景的元素，也是村民观赏其他景色的地点。

古时徽州建桥可以按材料分为木桥、石桥、砖桥、竹桥等，但多数现已不存；按建筑形态分则可以分为廊桥、亭桥、屋桥以及敞桥等。

（一）廊桥

廊与敞桥垂直叠加。如江西婺源清华彩虹桥（图4-49）。

（二）亭桥

亭子与敞桥垂直叠加。如江西婺源古坦桥（图4-50）。

图4-49 廊桥
来源：课题组自摄

图4-50 江西婺源古坦桥
（已被大水冲毁）
来源：课题组自摄、自绘

（三）屋桥

屋宇与敞桥垂直叠加。如歙县许村高阳桥（图4-51）。

图4-51 高阳桥
来源：课题组自摄、自绘

（四）敞桥

如黟县南屏万松桥（图4-52）。

图4-52 黟县南屏万松桥
来源：课题组自摄

二、亭

亭（凉亭）是一种中国传统建筑，源于周代。多建于路旁，供行人休息、乘凉或观景用。亭一般为开敞性结构，没有围墙，顶部可分为六角、八角、圆形等多种形状。因造型轻巧，选材不拘，布设灵活而被广泛应用在园林建筑之中。

图4-53　徽州区潜口善化
亭（左）
来源：课题组自摄
图4-54　歙县棠樾骢步亭
（右）
来源：课题组自摄

（一）按功能分

1.路亭

路亭在徽州古亭中数量最多，古时就有"十里一长亭，五里一短亭"的说
法，道教圣地齐云山也有"九里十三亭"之说。如徽州区潜口善化亭（原坐落
在歙县许村东沙塍杨充岭石路旁）（图4-53）。

2.纪念亭

为纪念历史上某人某事而建的亭，称为纪念亭。此类亭在古徽州不多。如
徽州歙县棠樾骢步亭（图4-54）。

3.观景亭

这类亭大多在现今黄山和齐云山风景区。在黄山风景区盘山道旁的合适位
置与角度，历代多建观景亭，以供游人尽览美景、骋目抒怀和休息。如黄山景
区曙光亭（图4-55）。

4.碑亭

建亭专为放功德碑或置名人书法石刻，供后人学习鉴赏。这类亭在古徽州
甚少。如徽州唐模村"檀干园"镜亭（图4-56）。

（二）按屋顶形式分

1.单檐亭

即指只有一层屋檐的亭子。

图4-55　黄山景区曙光亭
（左）
来源：课题组自摄
图4-56　唐模村"檀干园"
镜亭（右）
来源：课题组自摄

2.多边形亭

徽州主要有多边形亭或多角亭，如四角、五角亭（图4-57）。

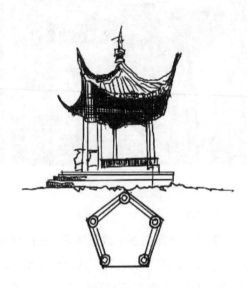

图4-57　四角亭（左），五
角亭（右）
来源：课题组自绘

徽州潜口善化亭（图4-58）和西溪南村绿绕亭（图4-59）均属于四角亭。

图4-58　徽州区潜口善化
亭（左）
来源：课题组自摄
图4-59　徽州区西溪南村
绿绕亭（右）
来源：课题组自摄

图4-60　重檐亭
来源：课题组自摄

3.重檐亭

由两层或两层以上屋檐所组成的亭子称为"重檐亭"（图4-60）。

沙堤亭位于歙县唐模村村口，建于清康熙年间，跨路而建，亭为三层，平面为方形，边长为6.1m，底层四边十二檐柱均为石柱，并置有石凳，四边各有一门，进村的道路穿过该亭，路人可在亭内休息和避雨。二层为虚阁，四面设有栏杆，屋面三重檐、歇山顶，外置挂落，飞檐翘角，悬挂风铃，饰龙吻。垂脊上饰有天狗、鸡禽等兽，亭东西门额上题有"沙堤"和"云路"的匾，一层的檐下还有一块"风雨亭"的匾额。远看沙堤亭，清秀美观，似一婷婷玉女站在树下（图4-61）。

图4-61 歙县唐模村沙堤亭
来源：课题组自摄

三、观景楼

观景楼为登高观景、品茶聚友、凭栏远眺之场所，一般位处村中街巷交会处或村外围边界处，建筑形式也一反徽州建筑封闭的个性，临街临景利用围栏、美人靠形成灰空间，使建筑呈现出通透开敞的特征。此类建筑有时也作为村民活动场所。

西递大夫第绣楼，原为户主归隐回乡后读书会友、小酌放松的场所，建筑临街面悬空挑出一座小巧玲珑、古朴典雅的亭阁式建筑，阁顶飞檐翘角，阁身三面围栏排窗，在村落巷景中显得既突兀又别致（现为表演民俗抛绣球的场所）。黟县南屏孝思楼（俗称小洋楼），也属此类建筑，该楼位于南屏村边界处，主体建筑三层，四层为一亭式空间，四周设有围栏，登楼远眺或坐于亭中，村野风光尽收眼底。此楼原为叶氏家宅，现为特色旅馆（图4-62）。

图4-62 西递绣楼（左），
南屏孝思楼（右）
来源：课题组自摄

第八节 标志建筑

一、牌坊

牌坊是封建社会为表彰功勋、科考、政德以及忠孝节义所立的具有纪念性质的建筑物。也有一些宫观寺庙以牌坊作为山门，还有一些用来标明地名。

在古徽州，牌坊这一独特的建筑造型，深受程朱理学的徽州文化浸染，与"徽州三雕"的艺术形式结合，被赋予了深刻的文化、社会、历史内涵。徽州的牌坊是弘扬儒家伦理道德观的纪念性建筑，也是徽州村落整体风貌的重要元素。牌坊被视为"徽州文化的一种物化象征，是徽州文化的缩影和特质的显示"。

徽州牌坊的类型分类可按材质、空间形式、建筑形式、精神功能趋向几种方式。其中以精神功能趋向分可分为"忠"坊、"孝"坊、"节"坊、"义"坊、"科举"坊、"功德"坊六大类。

徽州牌坊的组合类型主要包括：纵深排列、"一"字排列、"丁"字形组合。

（一）按材质分

1.木牌坊

以木质为主要建材，采用榫卯结构，如歙县昌溪村的昌溪木牌坊。这类牌坊因材料特性难以保存，现存颇少（图4-63）。

2.石牌坊

以石材为主要建筑材料，这类牌坊现存较多，形式多样。如黟县西递村的胡文光刺史坊（图4-64）。

（二）按建筑形式分

1.冲天柱式

牌坊柱穿檐出头。从现存实物看，清代石牌坊此种类型较多。如歙县雄村四世一品坊（图4-65）。

2.屋宇式

即牌坊柱不出头，置于坊檐底部止。清代以前石牌坊多为此种类型。如绩溪县大坑口村奕世尚书坊（图4-66）。

图4-63 歙县昌溪村的昌溪木牌坊
来源：课题组自摄

二、塔

塔原本是佛教建筑的一种，但是在徽州地区，塔主要位于村落水口，被附以特殊意义。徽州塔的尺度较小，比例适中，讲究形态，以砖石材料为主。

塔在徽州古村落水口建筑中

图4-64 黟县西递村的胡文光刺史坊
来源：课题组自摄

图4-65 歙县雄村四世一品坊（左）
来源：课题组自摄
图4-66 绩溪县大坑口村奕世尚书坊（右）
来源：课题组自摄

规格较高，它原本是佛寺建筑的一种，与博大精深的徽州文化相融合而展现出千姿百态的风采。徽州人在培文脉、壮人文、发科甲的思想影响下，将塔作为水口建筑，或置于山上，或立于河沿，以扼住关口，"留财气、兴文运"。

徽州的塔，按其功能有佛塔、风水塔、文峰塔等。

（一）佛塔

建佛塔以置佛座、放佛像、雕佛字以及埋放重要佛教资料为目的，多随寺庙先后建立。如歙县的长庆寺塔（图4-67）。

（二）风水塔

建风水塔旨在弥补山川地形之缺憾，或"驱妖镇魔"，以冀人杰地灵。如黟县柯村乡的旋溪塔（图4-68）。

（三）文峰塔

建文峰塔旨在护佑文运昌盛。如岩寺镇的岩寺文峰塔（图4-69）。

总体说来，徽州建筑类型多样，涵盖了民居、公共建筑、教育建筑、宗教建筑等多种建筑类别。不同类别的徽州建筑，皆因徽商的发达而兴盛。明清时期的徽州，徽商荣归故里，续宗谱、修祠堂、建书院、搭戏台，光耀门楣。繁盛的建筑生产活动背后，投射的是徽商努力提高自己的社会地位、积极入"仕"、追求高阶品位的心态。徽州建筑的产生、发展、兴盛，本质上依然是以"人"为第一要素的。

图4-67　歙县的长庆寺塔
（左）
来源：课题组自摄
图4-68　黟县柯村乡旋溪
塔（中）
来源：课题组自摄
图4-69　岩寺镇岩寺文峰
塔（右）
来源：课题组自摄

本章小结

　　徽州建筑起源较早，宋元为草创期，历经明代勃兴期，至清代鼎盛，形成了具有明显地域文化特征的建筑流派。就村落及建筑遗存情况看，具有聚落保存较完整、建筑种类齐全、遗存规模宏大、建筑等级高等特点。徽州传统建筑按照类型分为宅居、祠堂、牌坊、书院、戏楼、商业、衙门、庙、桥、亭、塔等，现有遗存类型齐全。其中民居、祠堂、牌坊被称为"徽州三绝"，也是现有遗存量最多的徽州传统建筑。

第五章
徽州建筑的空间与形态

从现存徽州聚落来看，建筑种类齐全，全面映射了明清时期徽州聚落社会生活全态。各类徽州建筑空间依据使用功能及精神功能的需求，呈现出各自不同的空间形态与空间组合方式，体现出当时徽州人适时、适地、适法的营建智慧。

第一节　徽州建筑的空间与形态

一、民居（民宅）

徽州民居是徽州传统建筑最重要的建筑类型之一，受徽州地理环境、气候条件、人文因素的影响，徽州民居由古山越人的"干栏式"建筑演变至明清时期，形成了具有鲜明地域特色的民居建筑。

（一）民宅空间构成要素

徽州民宅依据"门堂之制"，基本单元主序列为：前门厅，中天井，后正堂，配以两厢。灶间、杂物间、后院等辅助用房，根据地形、地势灵活与主序列空间相接设置。从大量遗存民宅来看，厅堂、厢房及两侧廊庑为2~3层，其余为单层建筑（图5-1）。

1.门厅（入口空间）

对于重礼的徽州人，入口的"门"既是内外空间的分隔，也是家庭礼仪秩序的开始。入口空间包括门外与门内门厅空间。徽州民宅门外部建有精美的砖雕门楼，入口或凹进做成"八字门楼"，或偏移角度。正对厅堂的大门，入门后设屏风式门，此门只有在贵宾到访时才开启，平时关闭，家人由两侧入内。在侧向开门的民宅，入门内即为廊庑空间，面向天井。

2.天井

"天井"是最具徽州传统建筑的特色空间之一。"天井"顾名思义，可见

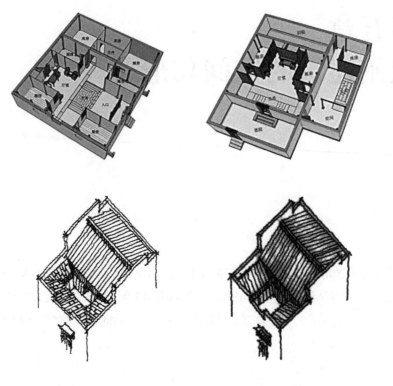

图5-1　民宅空间构成要素
来源：课题组自绘

图5-2　四水归堂（左），
三水归堂（右）
来源：课题组自绘

天，形如"井"，即由前后两进建筑与两侧廊庑或墙围合而成的较小室外空间。《理气图说》曰："天井主于消纳，大则泄气，小则郁气，其大小与屋势相应为准。"也就是说，天井的大小与围合天井的房屋的规模与高度相关。徽州天井具有采光通风、调节民宅"微气候"的功能，是将门厅、堂、厢房、廊庑等空间有序组合的组合空间，也附会了徽州人的风水之说。徽州天井有"四水归堂"及"三水归堂"两种形式（图5-2）。

3.厅堂

厅堂是接待访客，家庭聚会、用餐等家庭公共活动场所，面向天井开敞，是家庭"礼制"空间，设置于中轴线上末端中开间，面阔宽敞，雕梁画栋，室内家具一应对称摆放，中堂两侧有窄门洞通向后进及中堂屏风后的楼梯。

4.厢房

厢房为学习及睡眠场所，对称位于厅堂两侧、地面设地垄铺设木地板，高于厅堂。因只有面向廊庑一侧有窗，室内较昏暗。

5.辅助空间

从现有大量遗存民宅看，二楼在明代为居住空间，清代也有作为女子住所，但主要为存放粮食、杂物等空间，二楼结构裸露，空间随一层柱网分隔。

1）灶间：灶间的空间规模及形式随地形地势差别较大，但都有一两个三面坡向的天井，用于采光及储存用水。

2）院：前院、后院大小及形式结合环境设置，前院结合道路，平面较为规整。后院则形式差异较大。

（二）空间组合方法

1.并联

居住单元横向左右拼接。在共用的侧墙开门，开门天井即相通，交往空间融合；关门天井即分隔，即成独立的居住空间（图5-3）。

2.串联

居住单元沿轴向纵向伸长，即一进、二进、三进……每加一进只需增设一纵向天井（图5-4）。

3.组合

以院落或巷弄组合连接居住单元之间，入口门外的共用院落灵活组合，形成整体建筑空间（图5-5）。

（三）空间形态

1.外观封闭，内观开敞

徽州民宅四周由高墙围合，外窗小且不规则，仅门楼浓墨重彩，醒目突出。建筑大片的实墙耸立，以白色调为主，呈现封闭内敛效果。而民宅内部，围绕天井，堂及廊庑为开敞空间，厢房等封闭空间也由木雕花隔扇分隔，立于天井或堂，仍有轻盈通透之感，呈现出家庭和睦的氛围。

2.虚实相间，空间丰富

徽州民宅各功能空间在满足徽州人居住需求的同时，巧妙运用虚（天井）、实（厢房）、半虚半实（堂及廊庑）等空间形式，回应了地域气候特征及文化导向，获得了丰富灵动的建筑空间。

3.严谨活泼，相得益彰

徽州民宅的主要空间沿中轴线序列展开，空间对称，突出礼制空间的秩序性，体现了徽州人礼制传家的社会风气。辅助空间以满足使用功能为主，因地制宜，自由开放，形式不拘一格。严谨与活泼，依据各空间的主要使用诉求，灵活设置，有主有次，有收有放，相得益彰。

图5-3 旌德县兄弟连屋平面示意图（左）
来源：课题组自绘
图5-4 歙县渔梁巴祖慰故居平面示意图（中）
来源：课题组自绘
图5-5 歙县棠樾保艾堂平面示意图（右）
来源：课题组自绘

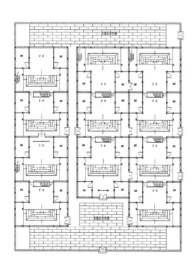
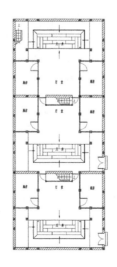
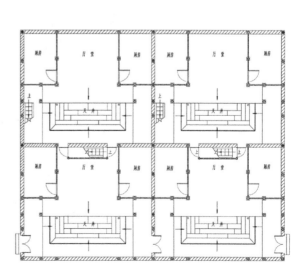

二、徽州祠堂、戏台的空间与形态

徽州祠堂可溯源至唐宋时期。南宋朱熹《家礼》提出："君子将营宫室，先立祠堂于正寝之东，为四龛，以奉先世神主。"祠堂是徽州建筑的重要类型之一。它是宗族制度、宗法戒律的制定、管理、执行场所，是徽州宗族文化的物质载体（图5-6）。

（一）祠堂空间构成要素

徽州祠堂建筑形制比较固定，主要由门坦—仪门—天井—享堂—天井—寝堂等空间构成。

1.门坦

门坦是祠堂空间序列的起点，平面近似长方形的室外广场空间。通过此扩大的门前空间，既满足各种公共活动功能的空间需求，也运用封闭与开敞的对比，使空间的围合感发生变化，彰显祠堂地位的重要性。黟县南屏叙秩堂近似方形的门坦空间如图5-7所示。

2.仪门

仪门，也称门屋，是进入祠堂的第一进室内空间，作为空间序列的大门，引导人流的进入与分流，也是第一体验空间。常见处理手法有门楼式和门廊式两种。门楼式仪门造型简单，基本为实墙面，墙面中心开大门，门上设置砖雕门楼，两侧小窗。门廊式仪门入门后设置一进轩廊作为过渡。仪门之进深最小，对内开敞，与天井相连，对外封闭。徽州地区有些祠堂的仪门空间也兼作戏台。

3.庭院、天井

祠堂两进之间由一个横向伸展的天井（或大或小）串联，天井起到采光通风及组合空间的作用，由起点仪门至终点寝堂，空间亦实—虚—实—虚—实，形成层次丰富的空间序列。

图5-6 南屏叶氏支祠空间剖面图
来源：课题组自绘

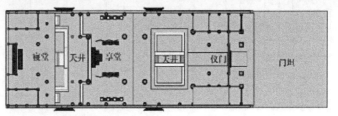

图5-7 黟县南屏叙秩堂门坦空间平面图
来源：课题组自绘

4.享堂（正堂）

享堂是祠堂的第二进室内空间，也是祠堂最重要的功能空间，奇数开间，空间沿中轴对称，后金柱中间开间的位置可设置活动屏风，又称"太师壁"。享堂面向天井敞开，室内高大宽敞，柱梁用材硕大，木雕精美，体现宗族"圣殿"的威严。

5.寝堂

寝堂是存放宗族祖先牌位、举行小型祭拜的场所。通常为两层建筑，进深较浅，五开间，空间趋于方正，环境幽暗。寝堂供奉祖先牌位的神龛置于明间正中处，神龛前设供桌。一层供奉近祖牌位，二层供奉远祖牌位。寝堂台基往往比享堂高出几个踏步，突出祖先地位。

6.廊庑空间

廊庑是天井两侧面向天井开敞的"半边廊"。当祠堂与戏台兼用时，有些廊庑空间一层为平民观演空间，二层为阁楼（包厢）观演空间。

（二）空间组合方法

1.串联

徽州祠堂为外放大气的宽宅大院，空间与高度都宏大开阔，三进建筑空间以中轴串联组合成纵向展开空间。徽州祠堂严格遵守对称原则，呈严谨规整的中轴对称布局，以体现其严肃性和威严感（图5-8）。

2.层递

在竖向空间处理上，采用逐层抬高建筑基底高度来提升建筑空间的神圣和隆重感，回应建筑与地势上升的关系。第一进是仪门，重视引入亲和，第二进是主体，注重建筑的宏大气势，第三进是灵魂，重视建筑氛围营造（图5-9）。

（三）空间形态特征

1.庄重宏大，封闭内聚

徽州祠堂作为行使宗族权力的聚落公共空间，相较于村落的民居等建筑，体量规整、宏大。严格对称的室内外空间，渲染出祠堂的庄重肃穆。祠堂四周少窗而高耸的实墙，外观封闭而私密；内部围绕天井形成内向型空间，强化空间的内聚感，与宗族既团结又排外的精神功能相一致。

图5-8　黟县屏山舒光裕堂空间序列及流线图（左）
来源：课题组自绘
图5-9　祠堂空间次序图（右）
来源：课题组自绘

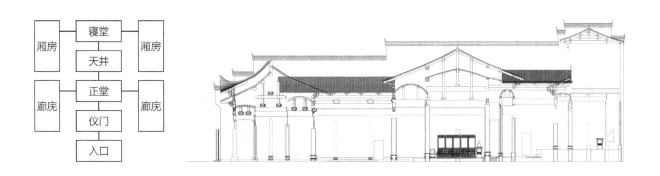

2.序列严谨，主次有别

徽州祠堂空间刻板地依据朱熹《家礼》中提出的祠堂形制展开，中轴对称，空间序列井然。建筑空间格局主次有分，讲究正偏、内外的空间层次、规模与等级，即伦理道德的"尊卑位序"原则。从大门和门厅到宗族议事的享堂，再到供奉祖先牌位的寝堂，由低到高，步步为上，这就是"前下后上"的原则。

（四）戏台

徽州戏曲发轫较早，听戏是族人公共娱乐活动。徽州戏台大多依附于祠堂内，采用活动戏台，即利用祠堂仪门，灵活转换，唱戏时，插板搭台形成戏台，平时发挥祠堂仪门空间功能（图5-10）。

后期有些祠堂仪门经常作为戏台使用，台基就慢慢固定下来，形成固定戏台，祠堂与戏楼共为一体，形成了徽州祠堂、戏楼的独特地域特征（图5-11）。

1.戏台空间构成要素

1）前台空间

前台即表演区，徽州古戏台的表演区一般呈三开间形式，明间添以两方柱，形成木照壁，其前方两侧为上下场的门。前台空间上方一般会有藻井，主要有增加高度和提升声效两个作用，可使演员的声音更加饱满圆润（图5-12）。

2）文武乐间

仪门两侧隔间作为文武乐间。中国戏曲将伴奏队称作"文武场"或"文武场面"。文场是管弦乐，主要用以伴奏演唱；武场是打击乐，主要用以衬托动作。

3）观戏空间

戏台、享堂所围合的天井空间是群众观戏空间。戏台所在的前天井两侧廊庑多建有观戏楼，是当地有名望、有地位的达官贵人观戏的场所，也就是包厢（图5-13）。

2.空间形态特征

1）朝向规律，等级分明

徽州戏台位于仪门而面对享堂，体现"孝"的思想。观戏时，享堂正中留出视线通廊，表现对祖先的尊崇。平民百姓位于廊庑一层听戏，达官贵人或太太小姐位于廊庑二层包厢听戏。

图5-10 祁门珠林馀庆堂古戏台（左）
来源：刘仁义，金乃玲.徽州传统建筑特征图说[M].北京：中国建筑工业出版社，2015.
图5-11 祁门坑口会源堂古戏台（右）
来源：刘仁义，金乃玲.徽州传统建筑特征图说[M].北京：中国建筑工业出版社，2015.

图5-12　祁门上汪叙伦堂前台空间（左）
来源：课题组自摄
图5-13　祁门上汪叙伦堂观戏楼（右）
来源：课题组自摄

2）依附仪门，中轴对称

徽州戏台与祠堂仪门相结合，位于整个祠堂的中轴线上。作为戏台使用时人由侧门进出。仪门固定成戏台的，两侧廊庑为二层，保留祠堂建筑的对称空间形式。徽州现存的戏台，绝大多数都属于这种格局。

三、徽州书院空间形态

徽州书院为有院墙的建筑组群，承担着教、学、藏书、斋、舍、祭以及交往、休息等功能。

（一）徽州书院空间构成要素

徽州书院由讲堂、祭殿、藏书三大主要功能空间以及斋舍、厨房、园林等生活辅助功能空间构成。

1.讲堂

讲堂位于书院布局最核心位置（图5-14）。在书院主轴线第二序列的位置，建筑形制为单层厅堂式建筑，面阔三间，前有卷棚轩，左右两侧廊庑连接形成三面围合空间，前有天井，空间开敞明亮。讲堂空间相对较大，表明书院以教育功能为主。

2.祭殿

祭殿主要祭祀朱子、孔子等先贤场所。建筑形制为楼阁，空间较为开敞。若为两层楼阁式建筑，则祭殿前有轩廊与两侧檐廊连接，与前方门厅围合形成天井，采光较弱，营造肃静的气氛。相较于讲堂，形体更为高大。

如南湖书院文昌阁（图5-15）面阔三开间，两层，三面围合，抬梁与穿斗混合式，前有天井，形成合院。

3.藏书阁

藏书楼为书院藏书和阅览书籍场所，一般有两种空间形式：一种是独立设置的两层楼阁，一层檐廊，二层空间为藏书阁，左右两侧廊庑与其他建筑形成合院，中间为天井；另一种是以藏书阁的形式与讲堂或祭殿合二为一，设置在二层。藏书楼位于书院中轴线的末端。

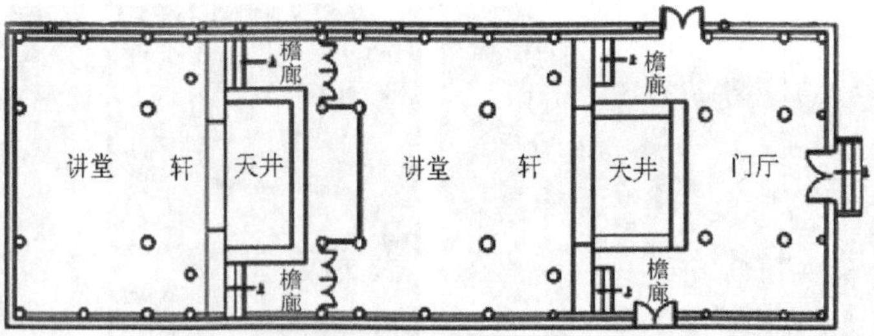

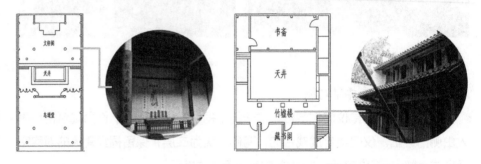

图5-14 讲堂平面形制
来源：课题组自绘

图5-15 南湖书院文轩阁
（左）
来源：课题组自绘、自摄
图5-16 竹山书院竹墟楼
（右）
来源：课题组自绘、自摄

如竹山书院中的竹墟楼（图5-16），藏书楼为后重建，后边带有后廊步并覆有腰檐屋面的二层楼房，一层檐廊，二层为藏书阁。面阔三开间，进深一间，四面围合，硬山顶，坐北朝南，空间封闭。

4.斋舍

斋舍是师生日常起居的生活场所，具有较强的私密性。大多是单层廊房，单面外廊式，空间较小，结构简单。与厨房相连，布置于书院主轴两侧。与主体建筑的组合可分为平行式、垂直式和合院式三种。

如竹山书院斋舍位于藏书楼西侧，三开间单层建筑，进深一间，与南侧廊相接，四面围合。外有檐廊围有木栏杆，前后廊及北山皆砌筑有墙，在南侧廊通入的过道上也砌筑有墙，仅前檐墙上安放木窗三个，室内光线较弱，西临厨房，南临天井（图5-17）。

5.院门、外门

门作为书院对外的连接窗口，展示了书院的文化思想及审美情趣。徽州书院根据所处位置可分为院门和外门两类，院门与外门不在同一轴线上。

院门开于书院围墙段与围墙平齐，多数采用牌坊形式，也有采用三阶马头墙形式，形式较为简单，类似于寺院的山门。

外门是书院中轴线上的第一道门，外门三开间，对内部天井不分割，形成门廊，两边连檐廊，如歙县的竹山书院；也有中间为门，两边围合成房，再连接檐廊，如休宁的还古书院；外门也有平面呈内凹"八字"，类似徽州衙门的"八字"门，如黟县碧阳书院（图5-18）。

6.其他景观建筑及园林

1）望景楼

若地形许可，徽州书院即在书院景观上佳处建望景楼，建筑空间形式为楼

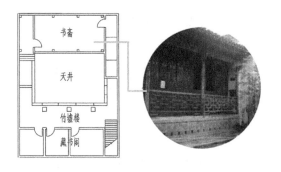

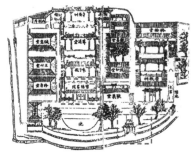

图5-17　竹山书院书斋（左）
来源：课题组自绘、自摄
图5-18　碧阳书院外门及远门（右）
来源：胡纪栋.黟县志[M].北京：光明日报出版社，1989.

阁或亭，左右两侧围合，前后通透，中有屏风。如南湖书院的望湖楼，紧邻南湖，可俯瞰南湖美景，远眺青山。

2）园林

书院除了传授知识外，还要具有良好的景观环境以修身养性，如竹山书院在凌云阁前建有一方庭院，营造出丰富的自然景观。书院园林多分布在书院的周围角落，与书院周边环境相呼应（图5-19）。

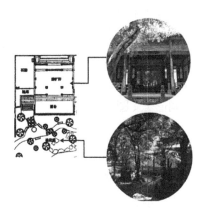

图5-19　竹山书院清旷轩与桂花庭
来源：课题组自绘、自摄

（二）空间组织方法

1.层递

层递是指把空间要素按照大小、多少、高低、轻重、远近、开合、纵横等秩序在空间纵深线路上逐次排列，形成层层递进的空间关系。徽州书院主要功能空间布局体现出明确的递进关系。书院的讲堂、祭殿、藏书楼在中轴线上自低而高、层层递进，纵向空间及横向空间呈现逐渐深入的态势（图5-20）。

2.排比

排比是指用数个功能、形式相同或相似的空间，以纵向或横向排列方式组合，加强空间语势，突出整体的空间气势和功能关系要素的空间修辞方法。徽州书院位于辅助轴线上的斋舍等建筑空间运用排比方式布局，达到书院整体空间整齐划一，富有节奏感和韵律感的效果（图5-21）。

3.对称

徽州书院善用对称手法，以达到布局均衡，逻辑清晰、空间明快，突出层

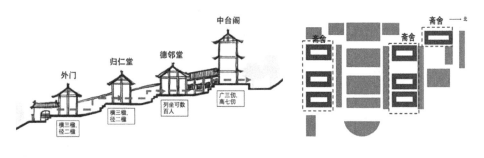

图5-20　还古书院空间递进示意图（左）
来源：课题组自绘
图5-21　碧阳书院平面示意图（右）
来源：朱益新.歙县志[M].北京：中华书局，1995.

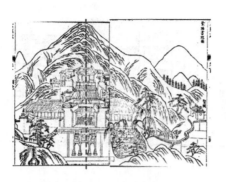

图5-22　紫阳书院对称关系示意图
来源：朱益新.歙县志[M].
北京：中华书局，1995.

次感与中心感的空间效果，也折射出建筑在礼制思想下对中庸、平衡的追求。如紫阳书院规模较小，共一组三进建筑，用对称的方式组织空间，布局紧凑（图5-22）。

（三）空间形态特征

1.空间秩序具有严谨性与灵活性

徽州书院是封建时期徽州地方官办或族办的传道授业场所。书院围墙内建筑群体布局，以主次轴线统领各单体建筑，教学、藏书、祭奠三大类建筑位于主轴线上层次展开，斋舍等生活建筑位于次轴线排比布局，服从主序列轴线。而课余学习、交往等场所则结合环境灵活布局，形成严谨、有序、灵活的群体空间形态（图5-23、图5-24）。即使是地形受限，也只局部变通，仍然以严谨与灵活结合的布局形式出现。

2.空间尺度的丰富运用

徽州书院建筑单体中，天井已经变化成院落。依据功能需求，充分发挥院落空间组织及室内物理环境调节作用，虚实空间结合，采用不同形式、不同尺度的天井，灵活有序利用"轩""廊"等灰空间组合空间，满足教学、祭祀开阔

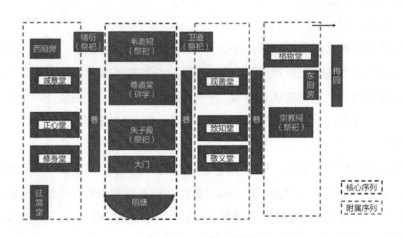

图5-23　紫阳书院主次序列分布示意图
来源：课题组改绘

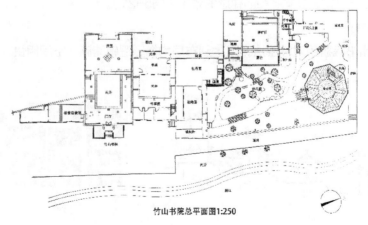

竹山书院总平面图1:250

图5-24　竹山书院空间"欲扬先抑"示意图
来源：课题组自绘

空间，藏书封闭空间，住宿私密空间的各自要求。天井的丰富运用，延伸了室内空间，强化了室内外空间互动。

四、徽州古桥空间形态

徽州的古桥分布于村落的水口处及村中溪水上。徽州民俗以水示财，桥梁富有精神与交通功能，也更加人性化地为过往行人提供避雨空间。徽州的古桥按建筑形态分为廊桥、屋桥、亭桥以及敞桥。

（一）徽州古桥的空间构成要素

徽州古桥的种类较多，构成要素亦有不同。总体是由下部桥体结构和上部构筑物所组成，下部桥体结构形式取决于水面宽度及交通要求；上部构筑物分为多种空间形式。

1.下部桥体

徽州古桥的下部桥体的建筑材料以砖石为主，结构大致分为两大类：一类是砖石券拱，依据跨度不同分单券和多券；另一类是间隔布置的石墩体。不论是哪一类，桥体上部结构的建构及形式均需与下部结构呼应设计。

2.上部建筑

廊桥的上部建筑物是沿桥身通长的廊，由纯木构架组成，两侧开敞通透，设有美人靠、长凳等设施供人休息（图5-25）。

屋桥的上部构筑物是沿桥身通长的屋，屋为单开间，砖木结构，两端马头墙，临水两侧墙面设园林景窗，防风避雨效果较好（图5-26）。

亭桥的上部建筑物是亭，亭一般位于桥头、桥尾，长桥也有在中部加设亭。亭为开敞的景观亭形式，四周设长凳或美人靠（图5-27）。

敞桥则只有下部桥体结构，并无上部遮蔽构筑物（图5-28）。

（二）徽州古桥的空间组合方法

1.垂直叠加

廊桥、屋桥、亭桥都是由下部桥身与上部建筑空间（廊、屋、亭）直接垂直叠加而成，随着上、下两部分的叠加，分属的建筑功能也叠加了，从而使徽州的桥具有了交通、停留、防御、交往、宗教、服务、行商等功能。

图5-25　廊桥——婺源彩
虹桥（左）
来源：课题组自摄
图5-26　屋桥——高阳桥
（右）
来源：课题组自摄

图5-27　亭桥——环秀桥
（左）
来源：课题组自摄
图5-28　黟县南屏万松桥
（右）
来源：课题组自摄

2.串联

沿着桥身的长度，建有数个亭子，形成虚实相间、丰富变化的空间。廊桥也是由高低不同的廊形空间沿着桥身串联而成，形成高低起伏的律动空间。

（三）徽州古桥的空间形态特征

1.线性舒展，律动优美

徽州古桥造型利用桥的长度，强化横向线条，弱化竖向线条，充分展现线性空间的优雅舒展。桥身上部的廊或亭，或高低起伏，或虚实相间，形成有规律的韵律节奏。

2.上下协调，明快敦实

桥墩立于水中，需设划水与泄水孔。徽州古桥的石砌桥墩敦实厚重，但设置的划水与泄水孔，削弱了厚重感，敞桥或结合上部开敞的廊、亭等，整体造型明快轻盈与敦实厚重并存，即使是屋桥，因开窗多变灵巧，也展现轻快的风格。桥上部建筑空间的高低与虚实，结合下部桥身的泄水孔与桥墩位置，上下联动，整体和谐。

五、商业建筑的空间形态

"无徽不成镇，无徽不成商"，商业建筑是徽州建筑的重要类型。

徽州商业建筑以商业、居住功能为主，兼有库房、作坊、办公等其他性质空间。沿街店面的寸土寸金，使得商业建筑向纵深发展。店铺基本都有两层以上，店面二层多有出挑，沿街形成丰富的灰空间，也为顾客提供了遮阳防雨的便利；二层用于居住，对街面用连续窗，增加采光，也更适于居住；纵深较大，开间较小，中后部时有三层，安排为阁楼或晒台，解居家生活之困。多数店面为小开间大进深形式，受经营品种、采光等多种因素的制约，店铺将加工、仓库和起居生活等向纵深布置，因而形成了明显的前后段布置方式。临街或临公共活动区的底层店铺为整开间的木铺板门，可根据商业活动情况，灵活拆卸（图5-29）。

图5-29　徽州建筑商业空间示意图
来源：课题组自摄、自绘

（一）徽州商业建筑的空间构成要素

1.店铺空间

店铺为陈列售卖商品的场所，是面向市集街道的店铺外向型空间，可分为步入式和沿街式店铺空间。两种经营方式的徽州商铺空间都为面向街市的开敞空间，店铺正中有屏风遮挡，由屏风两侧或设楼梯进入后进。

2.作坊空间

徽州有闻名遐迩的传统手工艺产品，作坊依据生产工艺的空间要求，空间灵活变通，差异较大。仓储也因储存产品不同，采用不同的空间形式。如米行，仓储要求防霉防鼠，故粮食架空置于高处，有管道直接通往店铺售卖。徽州的作坊、仓储建筑空间，形式各异，徽州匠人对特异建筑也能运用经验技术，驾轻就熟地完成，体现出徽州人的营建智慧。

3.服务空间

主要指裁缝、理发等服务于本地人的空间场所。徽州村落、街巷的服务空间较小，一般为居住空间辟出一间，只是开间门较宽，增加了对外的开敞度。

4.居住空间

徽州的商业建筑为了便于经营，附有居住空间。商业建筑居住空间不同于民宅，通常弱化礼制中轴线的布局，而以满足建筑功能为主。

（二）徽州商业建筑的空间组合方法

1.串联

徽州商业建筑的各功能空间，从街市门面始，依据前店—中坊（含中转储藏）—后宅的顺序，由一进进天井串联组合。前后进天井不在一条轴线上，左右变化，形成迂回多变的空间格局。

2.垂直叠加

沿街商铺为二层建筑，一层为商铺，几乎无隔墙，一层柱通至二层，空间垂直叠加，二层为居住或办公，由木隔板分隔成所需房间。沿街立面一层开敞，二层设通开间木窗。

（三）徽州商业建筑的空间形态

1.空间多变，沿街开敞

徽州商业建筑的空间根据商业功能而变，形式不拘一格，沿街市的铺面空间在营业时，门板打开，成为开敞空间，柜台设置也结合柱网设置。而作坊营造成符合生产需求的特质空间。居住空间以满足居住功能为主。充分体现出功能至上，灵活多变的原则。

2.交通流畅，布局紧凑

徽州商业建筑根据商业及生产流线设置空间，由产到销，交通空间流畅便捷，空间布局紧凑。同时通过不同位置的天井，转换分隔空间，使居住空间私密，商业空间开敞，仓储空间便于运输。

第二节　徽州建筑空间形态特征

一、程朱理学影响的体现——礼制空间与空间序列

明清时期的徽州，朱子伦理思想产生了深层次影响，折射于建筑空间，呈现出主体空间强烈的轴线感，群体组合明确的秩序感。

祠堂是典型的徽州礼制建筑，空间由门坦—仪门—天井—正堂（享堂）—天井—寝堂，依据朱子《家礼》提出的形制，沿轴线纵向推进，无论是空间、形式、装饰都左右对称于中轴来烘托中心。并且，祠堂的仪门、正堂、寝堂三进建筑，沿纵深地坪逐次抬高，呈现出由低渐高的态势，应和朱子《家礼》祭祀乃族务大事的礼序。

牌坊是徽州独特的礼制物化形式遗存，牌坊上直书表彰或标榜宋明理学精神思想。从单体而言，造型皆以中轴对称的形式出现，牌坊群的组合也以纵或横向序列排放为主。

民居的空间形制也基本依据中轴线为主要布局方式，体现出徽州人通过均衡与对称追求"中庸"的理想状态。在理学的影响下，特别是《家礼》影响下，徽州建造房屋主要以"礼"为中心。《仪礼释官》记载："堂下至门谓之庭，自门皆周以墙"，徽州民居多构筑有庭院与围墙，从外部观之，首先见到的是围墙，注重私密性的起居生活方式，同时也为了安全、防盗、别男女之礼。大宅四周建有高大围墙，并借此构成"一个宅园"。所谓"高高粉墙，幽幽黛瓦"正是对徽州民居的最佳写照。徽州民宅的"堂"是主要空间，由天井到堂，堂两边为对称的厢房，空间、装饰以及家具摆放，都由隐形中轴线控制。附属于商业建筑的宅居，进堂空间也有明显的轴线感。多进民宅的空间组合，是以血缘关系为组合秩序的，纵向沿轴线单元生长的是直系，横向单元生长的是兄弟家庭，院巷组合的是堂亲表亲家庭，亲疏分明，秩序井然。

《礼记·乐记》中说："所以示后世有尊卑长幼之序也。"徽州的建筑空间充分体现门堂之制，内外、上下、宾主有别。由门和堂构成了庭院，将露天空

间——天井封闭后纳入空间组合，门作为建筑空间的分隔占有重要地位，建筑空间依据内外、上下、宾主的不同使用功能，有礼有序布局，这些在徽州祠堂、民宅、书院、徽州衙门等建筑的单体建筑空间及群体建筑组合空间中表现明显，形成突出的地域特征。

二、气候环境影响的体现——虚实空间与空间尺度

徽州地处丘陵地带，雨水充沛，冬季湿冷，夏季炎热，四季温差较大。徽州人在应对自然气候环境的长期实践中，摸索总结出应对气候环境的与环境共生的营建理念与营造技术，具体体现在理水节地、空间组合、虚实空间、空间尺度等方面。

徽州建筑依山绕水而建。自选址开始，建筑与水、建筑与宅基地的关系处理，就选择了顺应利用、适度改造的模式。缺少平坦宽敞的建设基地，建屋时就对自然山体稍加改造，形成台地建筑，加之为了应对山区牲畜侵犯，房屋就采用楼居式，后期随着移民迁入建村，建筑的楼居式形式延续下来，一层的功能性加强。建筑空间以小巧的天井与狭窄的巷弄组合，建筑之间或毗邻或仅一巷之隔，建筑群体布局紧凑。室外空间鳞次栉比，层次丰富，形成了特有的山地建筑组合特征。通过天井汇集雨水排至天井沟，再排入村落水系，天井成为徽州村落理水系统的末端节点，也成为徽州建筑的空间特色之一。

为了应对气候特征，徽州建筑对于厢房、储藏间这样需要封闭的建筑采用实空间，堂、廊状的公共活动空间及平面交通部分设置为"灰空间"，即半实的虚空间。虚实空间的灵活运用，既满足了功能要求，也使空间丰富，适应于徽州四季的气候变化。虚空间的营造借助于结构技术与装饰技艺，空间尺度适宜，形式多样，成为广受使用者喜爱的建筑空间。徽州建筑在长期不断的建筑文化积累传承中，也形成了空间尺度的适度性，追求宜人亲切的空间效果，拒绝空洞浮夸的空间氛围。空间因物质与文化功能对空间氛围的需要，尺度可以灵活变化，以达到相应的空间效果。对于小空间的氛围营造，徽州建筑的天井、前院、侧院、转角廊等，都展现出独具匠心的处理手法。

三、宗法制度影响的体现——聚集性与空间组合

明清时期，徽州聚落的社会管理主要依赖于宗族制度，据发现的《宗族志》记载，各宗族都有各自的管理章程与宗族管理群体。宗法制度主要体现在徽州建筑空间的内聚性与轴线对位的空间组合手法等方面。

徽州建筑以祠堂为代表的公共礼仪性空间，无论是位置还是规模都体现着宗族的权威性。这类建筑占据着村落的中心位置，与建村时选择的祖松取中轴对位关系，村落内其他建筑都以此为中心组合，呈现出向心聚集性。祠堂的建筑规模也为村落之首，堂前的"坦"是村内公共聚集场所，也与祖松及祠堂保持着中轴对位关系。

徽州人追求的"四喜同堂",是大家族追求大团结之理想典范。大家庭宅院,其布局由若干天井划分为基本单元,有利于大集聚、小自由的居住方式,为调剂"和乐"精神提供了便利的空间条件。而在宅居的空间组合中,也体现着宗法制度下的空间组合。并联、串联等院落的组合方式,依据族中家庭之间的血缘关系的亲疏选择,是宗法制度深入家庭的体现。

四、地域文化影响的体现——空间界面与空间氛围

徽州文化源远流长,浸染于徽州建筑的方方面面,尤其体现在附着于徽州建筑空间界面的"徽州三雕"上,也营造了文化与艺术相结合的空间氛围。

在空间氛围的营造中,徽州建筑集中运用了"徽州三雕"、彩画、楹联、匾额等多种装饰手段,外部及门楼运用砖雕、石雕,隔墙、门窗及梁架运用木雕,天花及墙面运用彩画,门头挂匾额、两侧木柱书以楹联……通过这些装饰手段的协同作用,营造了富有地域文化特色的艺术空间,起到了标榜、引导、教化其宗族文化及家庭文化的作用。

徽州建筑的朝向及入口方向选择,亭、阁等位于水口的景观建筑,都与当时村民趋福避祸心理有关。多样而个性不同的建筑种类,构成了徽州村落建筑群体的丰富空间。

第三节　徽州建筑的风貌特征

中国幅员辽阔,地大物博,因文化、环境、气候等因素不同,地域传统建筑呈现千姿百态的面貌。安徽南部(古称徽州)现有大量明清建筑遗存——徽派建筑,它独特的建筑风格及蕴含的文化美学价值,在中国传统建筑之林独树一帜,是徽州先人留下的璀璨文化的物质体现。下面通过四个角度来阐述其独特的建筑风格。

一、师法自然,与环境共生

徽州人通过选址与环境的营造,将村落与建筑融汇于自然山水之间。戴震云:"吾郡少平原旷野,依山而居,商贾东西行营于外,以就口食。然生民得山之气,质重矜气节,虽为贾者,咸近士风。"足见徽州人在营建伊始,即树立了"天人合一、融于山水"的美学观。徽州村落选址枕山环水;布局因地制宜,既考虑生产、生活便利,又融入文化需求,力求贴近自然。村落以"山为骨架,水为血脉",与环境形成有机整体。建于丘陵缓坡的徽州建筑,以粉墙黛瓦点缀于青山绿水之间;高低错落的建筑群以组合的马头墙强化水平线的跳动轨迹,其交叉、重复、贯通、递进、跳跃、转折,映射着山形的起伏,倒映于溪水中幻化出波动的人间仙境。建筑与环境互为景观,营

图5-30 徽州建筑群体
来源：课题组自摄

图5-31 徽州村落与环境关系
来源：课题组自摄

造出"大珠小珠落玉盘"的和谐意象，传达出"繁中有序"的自然美的延伸
（图5-30、图5-31）。

二、礼序共存，井巷交融

深受宋明理学影响下的徽州建筑，主体空间以轴线为中心，左右依序展开。辅助空间依据地形可设在建筑的前后左右，再连接后院与花园。各类建筑皆中心突出，呈现对"中轴线"呼应的态势；组群建筑也有明确的主轴线与辅助线，各类空间有秩序地分布其上，主次分明，井然有序。这种礼序共存的空间组合方式强化了建筑的凝聚力，正是明清徽州宗族管理的体现。徽州建筑的空间，纵向组合是以数个基本单元（围绕天井位组合的一组空间为基本单元）沿纵轴形成多进式院落，横向组合是以巷来组合一列列建筑的。在巷中徜徉观建筑，高墙院瓦，铺陈出"庭院深深深几许"的幽深气质；在天井观空间，尺度宜人，感受到浓浓的生活氛围与质朴的乡村情怀。

三、各具风采，风格统一

徽州民风质朴，徽州建筑自然务实，各类建筑功能不同，建筑空间各异。民居优雅内省，清淡低调；祠堂开阔厚重，庄严肃穆；牌坊通透灵动，神秘静穆。还有书院、商业建筑等，多样的建筑各具风采。但由于相同的文化背景及审美取向的趋同，建筑的色彩底相同，建筑形式的特征符号相似，建筑空间的组合要素相近，故群体建筑风格统一、和谐相融（图5-32）。

四、宁静致远，大雅小俗

（一）色彩——高雅悠远，别具一格

徽州建筑在历经数次南北文化融合及数千年的积淀中，渐生出独特的艺术魅力。建筑建成初始的大片白墙在时光磨砺中渐变成斑驳的灰白色，黑与白通过碰撞融合及风雨洗礼，造就了徽派建筑淡雅悠远的色彩意象。纵观徽州建筑群体，主体黑、白、灰色彩，用色朴素典雅，与山水景观的色彩相对比协调，黑与白这组极端反差色，既变化层次丰富又包罗万象，大片大片的灰白色背景，如同天然画布，折映出大自然的魅力风光。粉墙黛瓦的徽州建筑加之绿水青山的环境色彩组合，既富有表现张力又具幻想力，犹如一幅美丽的水墨画长卷泼洒于天地之间，极易引起观者情感共鸣。

（二）形式——高低错落，灵活律动

徽州建筑外观封闭，多为大片的白墙，墙面开窗不规则且很小，加之徽派建筑的典型元素马头墙，形成点、线、面的形状几何的平面组合，增加了建筑的体积感和整体感。马头墙的长短、阶梯变化形成了线条的律动，自由适度，明快而不轻佻，增加了空间的层次感和韵律美。登高远眺，村落建筑群依山而建，高低错落，马头墙的线条组合灵活律动，给人以整体线条律动感与空间层次动态感（图5-33）。

（三）装饰——简繁得当，朴实有华

徽州建筑的装饰，重点依靠"徽州三雕"。建筑室外墙面除灰青色石质墙基外通体白色，室内地面同色，仅刻线分格，顶面彩画色调素净，均铺图案以起背景装饰作用，装饰的重点在人视线可达的内外墙面。素雅简朴的建筑本体，配以雕刻细致华丽的"徽州三雕"，因色彩材质同源，简繁相得益彰，更衬托建筑的高雅。徽州建筑利用"徽州三雕"、彩画、楹联为装饰手法，彩画质朴、楹

图5-32 各类建筑的组合（左）
来源：课题组自摄
图5-33 建筑群体组合（右）
来源：课题组自摄

联文气。有的建筑内木雕点缀金色或红色漆，整个建筑空间在大雅主氛围中，以"小俗"提亮，更有民间建筑的亲切感（图5-34）。

图5-34　建筑装饰
来源：课题组自摄

本章小结

　　由现有徽州建筑遗存可证，徽州建筑类型多样，不同类型的徽州建筑空间形态皆最大程度地体现着在当时条件下该类建筑的物质及精神功能需求，从而呈现出丰富多彩的空间形态。

　　总体来看，徽州建筑秉承了与自然和谐共生的营建理念，建筑空间与形态表现出如下特征：其一，积极应对地域气候条件，"灰空间"、封闭空间及开敞露天空间交替使用，从而形成灵活多变的空间形式；其二，受理学及宗族观念的影响，徽州建筑的礼制性空间（建筑主体空间）以轴线对称的方式秩序性展开；其三，宅居、祠堂及书院主体建筑围绕天井，呈现内聚性；其四，内部空间采用木板墙分隔，梁架裸露，重点部分运用雕刻、彩画装饰。

第六章
徽州建筑结构和技术

第一节　建筑结构

以木结构体系承重，以各种墙体材料（夯土墙、砖墙、木板、竹席等）作围合形成所需建筑空间，是中国古代建筑的主流营建手法，徽州建筑也不例外。徽州原住民居为"干栏式"建筑，随着中原人南迁进入徽州，带来了发轫于黄河流域的建筑文化与技术，在"徽州帮"匠人们历代"糅合发酵"下，逐步形成了立足地方材料性能与地理环境特征、南北做法兼容的"徽派建筑"结构体系，在材料选用、结构体系变异、构件艺术形式等方面具有鲜明的地域特征。

一、木结构体系

中国古代木构架主流有抬梁（又称叠梁式）、穿斗（又称立贴式）两种形式。抬梁式：屋基上立柱，柱上支梁，梁上放短柱，其上再支梁，梁的两端并承檩；如是层叠而上，在最上层的梁中央放脊瓜柱以承檩，相邻的两梁架间用枋联系，形成木构承重体系（图6-1）。穿斗式：通过落地柱与短柱直接承檩，柱间不设梁而用穿枋联系，并以挑枋承托出檐（图6-2）。抬梁式木结构体系，用材硕大，但可获得较大的室内活动空间；穿斗式柱径较小且用材经济，但柱距较密，空间不够开阔。

徽州帮匠人结合原住民居干栏式建筑，承继抬梁式与穿斗式两种木结构体系基本式，针对徽州建筑地理环境条件，发挥聪明才智，经过历代匠人们的不断摸索与实践，至明清发展衍生出具有徽州地域特色的木构体系。

（一）混合式

此种结构体系主要见于祠堂、府衙、书院等既有大空间又有小空间的建筑中。抬梁式在徽州建筑中已由抬梁演变为"插梁"，即檩条下皆有一柱（前后檐柱、中柱或瓜柱），瓜柱骑于下端梁上，梁端插于临近两端瓜柱柱身，顺此类

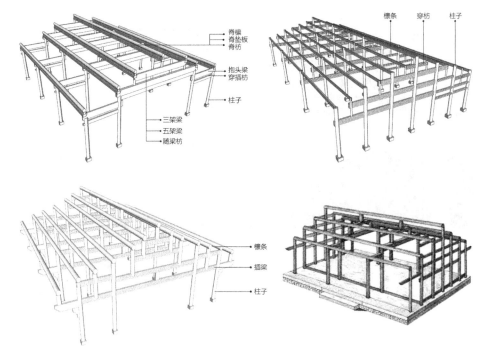

图6-1 抬梁式木构架示意图（左）
来源：课题组自绘
图6-2 穿斗式木构架示意图（右）
来源：课题组自绘

图6-3 插梁式木构架示意图（左）
来源：课题组自绘
图6-4 混合式木构架示意图（右）
来源：课题组自绘

推，最外端两瓜柱骑在最外端大梁上，再传至木柱传入柱基，至此形成屋面承重木结构体系。此种抬梁式的变异在中国地域建筑中普遍使用（图6-3）。

为了满足徽州祠堂的正堂、府衙的大堂、书院的讲堂等需要较为宽敞空间的需求，木结构采用插梁式，两山墙面采用穿斗式。对于祠堂、府衙、书院里的小空间，则采用穿斗式。在一栋建筑里根据空间需求采用插梁与穿斗两种木构体系混合使用，既满足了空间使用又节约了木材，是徽州匠人智慧与务实的体现（图6-4）。

（二）变异穿斗式

此种结构体系主要见于民居、商业、私塾等无需大空间的2~3层建筑中。经调查分析，现存徽州传统建筑以小型建筑占遗存建筑的主体，此几类建筑保留了干栏式建筑的楼居形式，楼阁可采用通柱也可采用短柱或移柱方式，梁架根据空间需求在穿斗基本式基础上衍生变异出几种结构体系。

1.为了增大正中厅堂面阔尺寸，将阑额改为插梁，并做成月梁状（俗称冬瓜梁），两端榫卯插入柱，两端底部以雀替优化传力（图6-5）。也有次间面阔尺寸不变，仅为了装饰需要将穿枋加工成月梁状。

2.为了增大正中厅堂开阔空间，在进深方向对称抽去明间立柱，改穿枋为插梁（也可理解为加大穿枋剖面尺寸），插梁上立瓜柱承檩（图6-6）。

3.因楼层上柱发生移位或减柱引发的穿斗式变异。分为三种情况：①早期徽州楼居建筑，楼上作为主体功能空间使用，楼上的面阔需根据使用功能增大，楼层上柱移位，致使下层斗枋改为插梁（图6-7）；②楼层上下面阔一致，

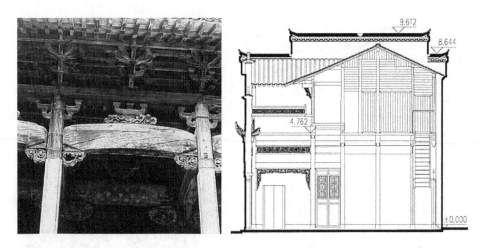

图6-5 月梁（左）
来源：课题组自摄
图6-6 屏山东园剖面图
（右）
来源：课题组自绘

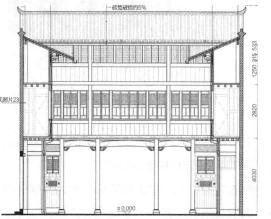

图6-7 潜口民居罗小明宅
（左）
来源：课题组自绘
图6-8 安徽歙县瞻淇天远
堂第二进剖面图（右）
来源：课题组自绘

但因靠天井的屋面挑檐，柱进深方向上下不对位，致使下层穿枋上落柱受力，穿枋尺寸加大或改为插梁，枋头加斜撑（图6-8）；③徽州有些3层建筑，二、三层使用空间与底层不同，二、三层柱为通柱，却使底层柱形成短柱，底层的枋需改为插梁以传导上部荷载。

以上几种穿斗式的衍生变异体系，在徽州建筑的遗存实物中，往往是混合采用的，由此可推论，至明清，徽州帮匠人经过长期的经验积累，已形成了地域特色的部结构体系，并能根据建造需求熟练运用。

二、结构典型构件

徽州祠堂、书院、府衙、宅第等建筑梁架用料硕大，室内顶部采用彻上明造，梁架结构完全裸露。民居等2~3层楼居建筑底层梁柱及二层梁架结构也多裸露，不设吊顶。因而，单层建筑主体空间及楼居靠天井空间的裸露木结构构件也成为室内装饰的一部分。徽州帮匠人们独具匠心，梁架构件上施以木雕，木构件保留宋式做法，更将斗栱演绎成空间网格状应用于门楼及藻井处，形成徽州建筑结构的地域特色。

（一）梁枋构件

1.月梁（冬瓜梁）

徽州"月梁"和宋《营造法式》所载月梁有所不同，梁断面接近圆形，两端较中央稍细，梁起拱做极缓和的弧形，两端下部自雀替或丁头栱处起刻一上翘曲线。俗称"梁眉"（图6-9）。也有梁的跨度并不大，仅出于美观需要将梁加工成月梁状（图6-10）。

2.斜撑

结构功能是支撑外檐、檩或楼居建筑支撑上层檐柱。因构件靠近天井，是运用木雕重点装饰的木构件之一，常采用深浮雕或圆雕雕刻倒挂狮子或戏曲人物，在天井光的作用下增加了立体效果，栩栩如生（图6-11）。

3.雀替

位于建筑梁或枋与柱相交处的斜三角形木块，结构功能是缩短梁枋的净跨度从而增强梁枋的承载力，增加梁与柱传力面减少相接处的向下剪力，防止横竖构材间的角度倾斜等。徽州木结构构造中，雀替常位于明间，雕刻花草或卷云纹图案，也有民宅只简洁雕刻发戗（图6-12）。

4.蜀柱、叉手、柁墩、驼峰等构件（图6-13）

蜀柱用于垫高构件，使构件达到所需高度。当其自身的高度小于宽度时，蜀柱又称柁（tuó）墩。明清时代较为流行，宋代木构一般无此构件。徽州木结构构造中，通常将蜀柱和柁墩一起配合使用，将柁墩垫在蜀柱之下，作为装饰，常雕饰成仰莲状。也有徽州建筑的蜀柱不用柁墩而收杀成鹰嘴形式。叉手是梁架中支撑在蜀柱两侧的斜杆，形状犹如人叉手而立，故得名。一般雕刻成奔浪、卷云状，其中支撑脊槫的人字形斜杆称为叉手，其余为托脚。驼峰系用在各梁架之间配合斗栱承托梁栿的构件，因其外形似骆驼之背，故名之。徽州建筑中托脚一般雕成奔浪或卷云状，瓜柱在柱与梁交接的柱头底座雕刻图案，驼峰也结合所处环境施以精美雕刻。

（二）斗栱

斗栱的产生与发展有着非常悠久的历史，它是中国木构架建筑非常关键与独特的部件，在横梁和立柱之间挑出以承重，将屋檐的荷载经斗栱传递到立

图6-9　呈坎宝纶阁月梁状额枋（左）
来源：课题组自摄
图6-10　婺源俞氏宗祠月梁（中）
来源：课题组自摄
图6-11　潜口民宅诚仁堂斜撑（右）
来源：课题组自摄

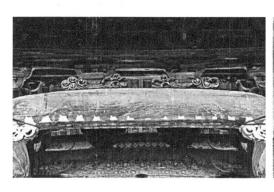

图6-12 雀替
来源：课题组自摄

图6-13 小木作构件
来源：课题组自摄

柱。斗栱位于檐部，既有结构功能又起装饰作用，是中国古典建筑显著特征之一。建筑中的斗栱起初具有结构功能，发展至明清已演化成装饰为主的构件了。而这时期正是徽州建筑的鼎盛期，故在徽州建筑中，既有成组组成网格的斗栱，也有大量雕刻精美的斗栱。

1.斗栱雕镂化

在封建社会斗栱标榜着社会地位与权力，各朝代对建筑规制、斗栱规格等都有严格规定。徽州崇儒重商，入仕为官或花钱捐官者不乏，但即使为官，对斗栱的规格、着色也有限制。为了使斗栱形象生动，徽州建筑通常通过雕镂斗栱来呈现多样化（图6-14）。主要对一般斗栱的栌斗、枫栱、耍头等部位施以雕刻，也有对普通民宅可以用的平盘斗、丁头栱施以雕刻的。

2.斗栱组织网格

斗栱组织网格是一种紧密的栱构造方式，是由一个个斗栱重复组成，结合成一个牢固的具有结构性且更具装饰性的面状体系。斗栱组织网格生成的两个重要前提是栱方向的运用和斗栱网格的形成。其艺术效果并不取决于个体的斗栱，而是整体网格的构成秩序。斗栱组织网格因其表现形态丰富，在徽州被应用于建筑的重点形象展示部分：祠堂门楼檐部、藻井，戏楼的檐部等。如用于宗族祠堂门楼檐部来渲染祠堂的雄伟与宗族实力，用于藻井来强调重要性，用于戏楼的檐部来美化舞台观赏面。

丁头栱网格：由丁头栱沿同一方向重复组成。正置丁头栱网格一般用于中开间檐部，偏置对称用于次间檐部，起到强调中轴线衬托主体的效果。实例以

祁门余庆堂古戏台的台口檐部最有代表性（图6-15）。

如意斗栱：由斜向或正斜向混合使用的栱作为组合基本单元，重复出现、网格化组织形成的面状体系。徽州如意斗栱主要使用在祠堂等村落公共建筑檐部，细部不设雕刻不施彩绘，以栱的网格组织形式突出艺术效果（图6-16）。

藻井斗栱：在藻井内的斗栱组织网格。徽州的藻井斗栱在戏台或祠堂仪门（可兼作戏台）的顶部最常出现，其组织方式取决于藻井类型（半圆形、八角形、钟形等），栱的基本单元简约，产生层层收进，烘托中心的艺术效果（图6-17）。

（三）柱及柱础

柱是建筑体系中重要的承力构件。柱础为石质，处于柱下端，起传导柱受力至地基、扩大受力面减少压强及阻碍地基潮气侵蚀木柱的功能。徽州建筑大多使用木质圆柱，间有少量石质方柱，木柱多用银杏或杉木，木质密实、性能稳定、耐腐防蛀、材质优良。柱础多采用当地产"黟县青"大理石，如徽州黟县屏山舒光裕堂石柱特产，石质密实，呈青黑色。

1.柱

徽州建筑遗存显示，明代建筑大多保留了梭柱，而清代建筑则多为直柱，梭柱在徽州祠堂中应用更广泛。徽州的梭柱从中段开始，向上下两端收小，不过下端的直径，比上段三等分的中间部分略小，而不是上下两端的直径完全相等。梭柱是将柱卷杀成梭状，是宋代大木作构件艺术加工特点之一。一般认为，元代以后重要建筑大多以直柱取代，而徽州祠堂多保留了梭柱做法（图6-18）。

图6-19 柱础
来源：课题组自摄

2.柱础

徽州建筑柱础以鼓状较高的柱础居多，有方形、圆柱形、覆盆形、圆鼓形、八角形、莲瓣形等多种形状，位于墙中的柱础多采用1/2正方形石柱础，转角处正方形的3/4柱础。民宅柱下所用的础石较简单，仅用方形石块。大型建筑则用圆形和八角形础石，其中圆形柱础的立面略似覆盆形（图6-19）。

三、围护结构

（一）砖墙

明清时期，砖作为建筑材料已在徽州建筑中普遍使用。徽砖的制作成本、技术要求较高，但强度、防水、防火、洁净等性能远优于夯土土墙，至今仍被多数建屋者选用。根据实勘调查统计，砖墙作为徽州建筑的围护结构占绝大多数，有少量位于山上交通不太方便处的民居为土坯墙围护。徽州建筑砖墙体砌筑方法有灌斗墙、空斗墙、鸳鸯墙与单墙等。

1.灌斗墙

灌斗墙分为干斗和湿斗两种，干斗一般用碎瓦和干土填实，湿斗则用泥土和水混合，一层碎砖，一层泥巴填实。一般一皮一带砖，内部填实，用2cm的薄砖，长27cm，宽15cm，丁头不通头，内有带木牵，七皮一扁砖（砖平放），带木牵的砖平放，柱与墙间为柱门。因灌斗墙所需砖规格特殊，现已没有此种做法（图6-20）。

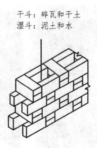

干斗：碎瓦和干土
湿斗：泥土和水

图6-20 灌斗墙
来源：课题组自绘

2.空斗墙

用砖侧砌或平、侧交替砌筑成的空心墙体。具有用料省、自重轻和隔热、隔声性能好等优点。空斗墙稍厚，为二四墙，丁头通头，内不填泥浆；砌法分有眠空斗墙和无眠空斗墙两种。侧砌的砖称为斗砖，平砌的砖称为眠砖。有眠空斗墙是指每隔一至三皮斗砖砌一皮眠砖，分别称为一眠一斗，一眠三斗。无眠空斗墙又称为全斗墙，是因为其只砌斗砖而不砌眠砖。传统的空斗墙多采用有眠空斗的形式。有的还在其中空部分填充碎砖、炉渣、泥土等改善其热工性能（图6-21）。

3.鸳鸯墙（女儿墙）

又称"女儿墙"，其墙体宽度约七寸（1寸=3.33cm），砖长八寸，宽五寸、厚二寸，俗称二五八砖。到了晚清，已将其砖尺度改小至七寸、宽四寸、厚一寸，俗称一四七砖。砌法为两皮一带砖（两明一列）。这些不同尺寸的砖均属墙体筑用，如马头墙或间壁等（图6-22）。

4.单墙

一层一层错缝叠砌，墙体与木构件依附牵固，常采用撑柱、撑枋、带木牵或带铁牵方法。墙体与柱子间有柱门，以利通风，防止柱子腐烂。大小为一砖长，5cm左右。一般每层每柱开一个，且将墙与柱保持一定距离以利通风。

（二）木板墙

木板墙大多用于民居室内的分隔墙，均为镶嵌在木柱之间的填充墙，其做法是将条石置于底部，上立木板作为隔断，木板端头以榫卯方式与木柱连接，使其固定。为了增强其稳定性，也有在底部条石和木板下端缝隙中填实砂浆的做法，但极其少见。

一眠一斗砌法　　一眠三斗砌法　　双丁砖无眠空斗砌法

图6-21　空斗墙
来源：课题组自绘

图6-22　鸳鸯墙
来源：课题组自绘

第二节 徽州建筑典型建筑构造

徽州建筑的构造既有着中国传统建筑构造的通性，又有着独特的地域性特征。"徽州帮"在长期的营建活动中，立足本土、博采众长，注重传承而又勇于创新，结合地域特点创造出诸多适合徽州地域气候，体现徽州地域文化的构造做法，无论是梁架、柱枋等大木作，还是门窗、栏杆等小木作，抑或是天井、马头墙、门楼、楼梯等，有的保留宋元官式构造做法，有的结合功能而侧重突出地域审美取向形式，也有的结合当地气候条件而侧重生态性。其中，有些构造做法延续至今，有的已失传。本节仅选取屋顶、墙身、马头墙、门楼、门窗与隔扇、美人靠、天井、地面等具有徽州地域特征的构造做法予以阐述。

一、屋面构造

徽州建筑为坡屋顶瓦屋面，祠堂等一层公共建筑因采用梁架裸露，室内顶棚因美观需要，采用室内面层木板罩面的望板屋面构造；一般2~3层楼居的民宅尤其是较晚期的民宅，因主要的功能区在一楼，二、三楼层为储藏或内居空间，故采用冷摊瓦屋面构造。

（一）冷摊瓦屋面

屋顶的构造层次为：首先在檩条上铺椽条，后由檐至脊在椽条上直接挂瓦（图6-23）。一般民居屋顶采用冷摊瓦构造。

（二）望板屋面

屋顶的构造层次为：首先在檩条上铺椽条，然后在椽条上铺设望板或望砖，再加瓦板，最后铺盖当地盛产的灰色瓦（图6-24）。

二、墙身构造

徽州建筑外墙体因为位置不同名称也不同，位于山墙面的称山墙，前后檐的称檐墙，天井两边称塞口墙，还有院墙等。外墙多采用烧制砖墙，转角设石柱。墙身做法相近。内墙一般采用木板间壁，但主体与灶间分别采用砖墙、隔墙。

图6-23 冷摊瓦屋面构造（左）
来源：课题组自绘
图6-24 望板屋面构造（右）
来源：课题组自绘

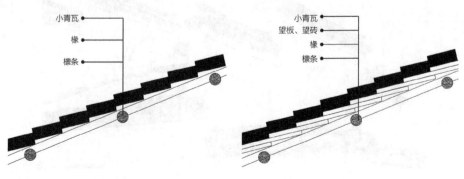

（一）外墙

外墙砖墙自地基至顶的做法依次是：压土垫层——毛石干砌——围裙石（高40~50cm）——砖墙主体——小青瓦压顶（图6-25）。值得一提的是，为保证墙体与木构架的整体性，使墙体与构架依附牵固，有利抗震，采用撑柱、撑枋带木牵、铁牵来加强连接。

（二）木板墙

木板厚约3~5mm，装于两柱间，当两柱距离较大时，两柱间可加立木樘柱。木板面一般做素净或清水漆。

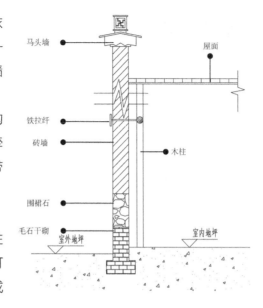

图6-25　外墙构造
来源：课题组自绘

三、马头墙

马头墙是明清徽州建筑重要的表现形式，极具地方特色，是徽州村落景观意象的重要构成元素。马头墙形制的多样化，主要体现在墙脊的多檐化和座头（马头）的造型方面。马头墙厚度20~30cm，砖石垒筑，以小青砖为主，墙体高度随屋顶坡度层层跌落，立面轮廓呈阶梯状，墙脊呈水平带翘角面或圆弧面。一般根据房屋的进深尺寸决定水平脊檐的长短和山墙阶梯的级数和尺度，墙脊顶面横向砌筑三线排檐砖，上用小青瓦覆盖，在跺头的顶端处都会安装博风板，其上再安装各种式样的"马头"，墙体用白灰加以粉饰，不论用哪种座头，马头墙的每一阶都会呈现两坡墙檐，墙脊黛瓦，白色墙体，两头翘角的外形，从远处看，极具马头神韵，故称其为"马头墙"。由于各屋规模不同，马头墙阶数亦有"三山五山"等的不同。

（一）坐吻式马头墙（图6-26）

坐吻式即座头由窑烧制成的吻兽构件做成，常见的有哺鸡、鳌鱼、天狗等。吻兽一般常见于北方建筑之上，而马头墙上镶吻兽，也体现了南北文化的融合。吻兽不仅可以显示房屋主人的高贵，还有避灾祈福的意味。

（二）鹊尾式马头墙（图6-27）

鹊尾式即座头使用雕琢成似喜鹊尾巴样子的砖，有抬头见喜、喜气洋洋的寓意。

（三）印斗式马头墙（图6-28）

印斗式即座头上端使用窑烧制成的透雕式"疋"字纹或"田"字纹的方斗一样的砖，侧面看去，既像是一块金印，又像建筑斗栱中的斗，故称印斗式

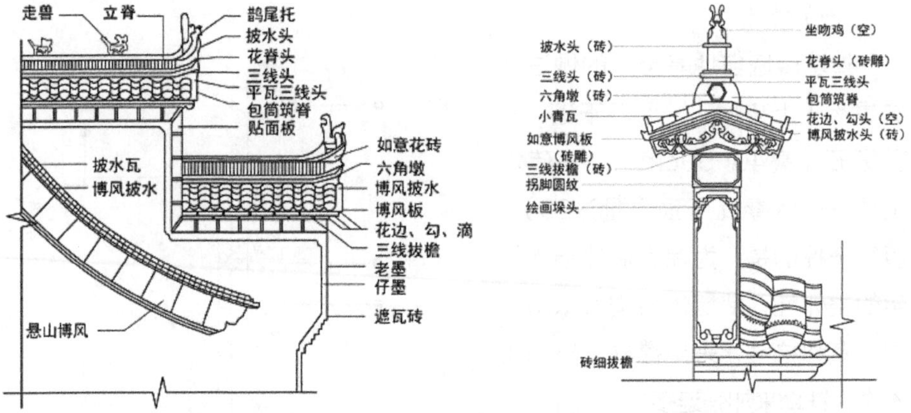

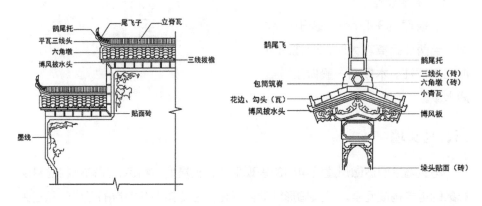

图6-26　坐吻式马头墙
来源：刘仁义，金乃玲.徽州传统建筑特征图说[M].北京：中国建筑工业出版社，2015.

图6-27　鹊尾式马头墙
来源：刘仁义，金乃玲.徽州传统建筑特征图说[M].北京：中国建筑工业出版社，2015.

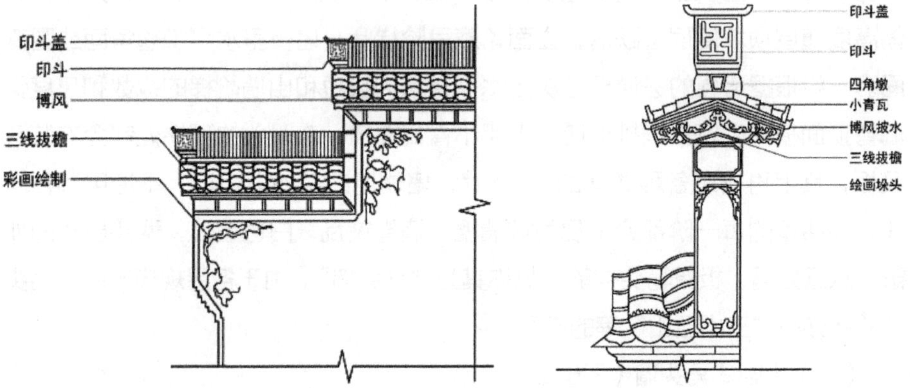

图6-28　印斗式马头墙
来源：刘仁义，金乃铃.徽州传统建筑特征图说[M].北京：中国建筑工业出版社，2015.

马头墙。马头墙使用印斗式座头是为了显示房屋主人读书、做官的一种追求，颇具激励之意，一般都会出现在以读书为喜爱，以做官为梦想的文人儒士屋顶之上。

四、门楼

徽州素有"千金门楼四两屋"的说法，虽有夸张，却也反映了徽州人对门楼的投入与重视。门楼于门而言有安全、分隔、防雨、保护之功效；于屋而言有强调入口、丰富建筑立面之意义；于人而言有彰显地位与财力、祈求平安富贵之含义。细分来看，祠堂称为门楼，民居称为门罩更为准确。

（一）门楼

祠堂门楼造型一般占据入口墙面的三分之二或全部墙面，辅以砖雕、石雕、如意斗拱、泾县花砖等徽州艺术造型手法，恢宏壮丽，体现出徽州建筑艺术的较高造诣。门楼依造型及平面形式可分为：八字门楼式、屋宇式与牌楼式三种。

1.八字门楼式

八字门楼式大门在平面上向内退进，平面形状呈"八"字形，形成入口里凹的门口驻足空间，空间效果上更渲染了入口的重要性。八字门楼式的立面有屋宇式，也有采用牌楼式的。

2.屋宇式

由数片半坡屋顶组合造型，屋檐上翘，似凤凰展翅，如五凤楼的形式（图6-29）。

3.牌楼式

牌楼式门楼即门坊。造型似牌坊与墙体结合。牌楼造型有屋宇式牌楼与冲天柱式。徽州比较常见的有单间双柱三楼式，三间四柱五楼式和三间四柱三楼式。黟县屏山村的御前侍卫门楼为牌楼式，为五间六柱七楼，较为少见（图6-30）。

（二）门罩

徽州民宅入口门罩，位于大门正上方，整体造型规整，辅以砖叠涩瓦面挑檐、砖雕、字匾额等装饰手段，成为入口立面的视觉中心。门罩按立面造型可分为：匾额式、垂莲式、其他式三种。民宅的入口也可为八字平面，上述三种式样造型皆有。

1.匾额式

匾额式是徽州地区最为常见的一种门楼制式。在门罩造型最显著位置留有字匾，四周以砖雕烘托。匾额式的构件由上至下为：鱼吻、束腰脊、瓦当、滴水、五路檐线、门簪、浮雕横枋、匾额、下枋、挂落、辅首、门槛、抱鼓石或

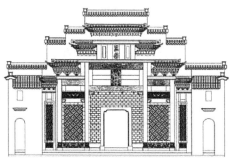

图6-29 五凤楼（左）
来源：https://www.sohu.com/a/277722334_674358
图6-30 牌楼式门楼（右）
来源：课题组自绘

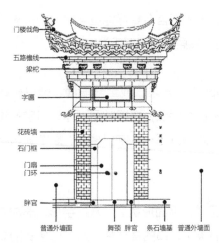

图6-31　匾额式门楼（左）
来源：课题组自绘
图6-32　垂莲式门楼（右）
来源：课题组自摄

石狮。屋顶样式多采用悬山式双角起翘的小挑檐，下伸檐口，上覆以瓦片，脊部最上部多附加各式脊兽；双角不起翘的小披檐，多覆以青灰色板瓦，形制较为简单（图6-31）。

2.垂莲式

垂莲式门罩又被称为垂花门，因其垂柱底部有一垂珠，通常雕刻成莲花或花篮的形式，端庄华丽较为醒目，故此得名。徽州的垂花门源自北方四合院垂花门的变体，是垂花门形制与徽州门罩相结合，融入了徽州砖雕工艺而演变为具有徽州地方特色的垂花门。垂莲式与匾额式门罩的装饰结构大体相似，最大区别在于左右两端伸出下枋的垂花柱。由于两端各伸出的垂花柱向两侧外扩，造成垂莲式整体形象宽出门框较多。匾额位置有的悬挂匾额，也有的采用砖雕造型（图6-32）。

3.其他式

从实地调研看，徽州现存传统民居还有些门罩采用的形式较为简单，仅门上设挑檐，挑檐下方装饰简单；还有些因门为拱形门，门罩式样也较为简单。在祁门等地，门的上方为透空砖雕或窗，窗上再设叠涩挑檐，檐上铺瓦。

五、天井

天井是徽州建筑最具地方特色的空间之一，承担着房屋空间组织、通风、采光等功能，也具有建筑室内聚水排水的重要功能。天井中间地面用当地紫青或芝麻花岗石板铺砌，较大类型住宅地下用方砖正铺或斜铺，较小住宅也有用墙砖侧铺的。天井地面四周设活动青石盖板，下设排水沟，坡向天井的屋面雨水汇聚于沟内或经檐沟（古时为竹制）收集，流向排水孔，经由暗沟（管）排入村内沟渠（图6-33）。

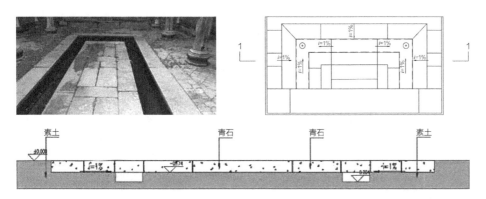

图6-33　天井
来源：课题组自绘、自摄

六、门窗与隔扇

（一）窗

1.窗楣

出于防御考虑，徽州建筑的窗户较少，且开窗位置较高较小，但每有窗必有楣。窗楣有防雨遮阳的功效，对立面有装饰与提示作用，具有实用与美化双重功能。窗楣由窗户上方的砖叠涩挑出檐，上铺小瓦构成。按形式可分为：一字形、人字形、月眉形、半圆形等（图6-34）。

图6-34　窗楣
来源：课题组自摄

2.窗的种类

徽派建筑的窗户的种类较少，一般可分为槛窗、横披窗和护净窗。

槛窗装饰等级较低，且多在二层天井周围设置，格心多以竖向直棂为主并垂直交叉一部分横向直棂，形成具有吉祥寓意的锦纹图案。主要由绦环板、格心、裙板及边梃这些构件组合而成。

横披窗主要是由格心和边梃组成，一般是位于上下横梁之间，起到一定的通风及美化立面的作用。居民各家选择的横披窗尺寸和格心图案区别相差较大。

护净窗是徽州门窗中装饰等级最高的木作窗，一般由两层窗扇组成，外扇多为雕饰的窗罩，在内层多是竖向格心的槛窗（图6-35）。

（二）门

徽州建筑门的种类繁多，大体上可以按照门所在位置分为板门、排板门、屏门、户门和隔扇。其中板门和排板门属于建筑物入口的外门，而屏门、户门和隔扇属于宅的内门。

板门是一种用木板拼成的门，无边框，全部使用厚木板拼成，经常用在宫殿或者庙宇中。它又可根据细节构造的不同分为普通板门和防火板门。防火板

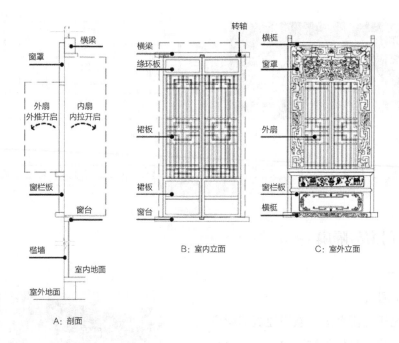

图6-35 护净窗
来源：课题组自绘

门是在普通板门的基础上，加强了门的防火性能，其他特征并无改变。排板门常见于徽派建筑中的商业建筑，由一定数量的可拆卸木板拼成。

屏门在外形特征上与板门有一定的相似之处，但是其用料较少，防御性较差。它的主要目的是遮蔽入口的视线，从而在入口处形成一定的空间层次。屏门主要以四扇门作为一个组合，成组布置，其中间两门可以开启。

户门指的是用来分割室内房间的门，它与屏门的区别主要在于作用的不同。屏门的仪式性较强，一般设置于入口空间处，平时不开启，而户门的实用性较强，一般日常生活中会被经常使用。户门以单扇门为主，构造与屏门相同，但是等级不同（图6-36）。

（三）隔扇

隔扇门是一种组合门窗，由于门上有可供采光的格子，从而得名隔扇门。多用于徽州民居的厅堂以及廊庑处。隔扇常成组布置，一般2~8扇为一组。隔扇门为徽州地区木门中观赏性最高的门，在窗楣、格心及裙板部分多为木雕装饰（图6-37）。

七、楼地面

明代时期，楼下低矮，楼上宽敞。楼层地面做工考究，其做法是在木作的楼板上铺一层箬，箬层上铺一层中砂，尔后铺切边成方的方砖，最后用白灰膏嵌缝。因生活中取暖、用火、照明等不小心，使用木地板易发生火灾。因此采用此做法，一方面减少用火不慎引起地板着火，另一方面是在楼房层次之间形成了竖向防火分隔。清代时，民居底层地面多为"三合土"地面，坚硬耐磨，防火防潮（图6-38）。

类型	位置	图片	开关方式	主要功能	开启位置	插关装置	宅名
防火板门	外墙		内拉	防火、防盗、防蚊虫	转轴、门环	铁栓	汪根林宅
普通板门	厨房		内拉	防盗、防蚊虫	转轴、门环	木插栓	边溪33
防火板门	外墙		内拉	防火、防盗	转轴、门环	铁栓	胡永义宅
排版门	外墙		内拉	防火、防盗	铰链、拉手	木栓干	前街75
户门	厢房		内拉	防盗、防蚊虫	铰链、拉手	木插销	尚德堂
屏门	仪门空间		外推	防盗、防蚊虫、遮蔽	铰链、拉手	木插销	汪顺昌宅
隔扇门1	廊庑		外推	美化、遮蔽、防盗	铰链、拉手	木插销	鹰福堂
隔扇门2	厢房		内拉	美化、遮蔽、防盗	铰链、拉手	铜插销	大夫第

图6-36 木作门的开启关闭方式及相关附件统计
来源：课题组自绘

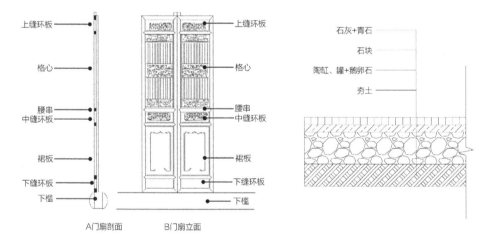

图6-37 隔扇（左）
来源：课题组自绘
图6-38 楼地面构造（右）
来源：课题组自绘

八、其他

（一）美人靠

"美人靠"也叫"飞来椅""吴王靠"，学名"鹅颈椅"，是一种下设条凳，上连靠栏的小木作。"美人靠"优雅曼妙的曲线设计合乎人体轮廓，靠坐着十分舒适。通常建于回廊或亭阁围栏的临水一侧，除休憩之外，更兼得凌波倒影之趣（图6-39）。

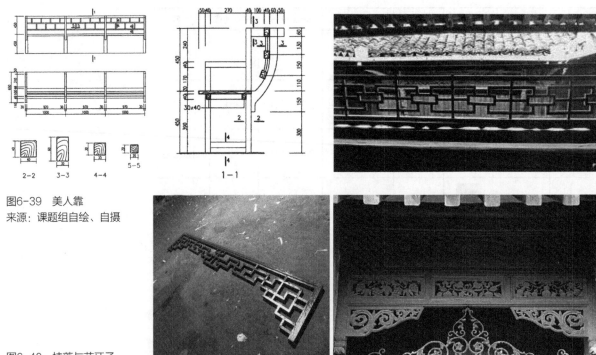

图6-39　美人靠
来源：课题组自绘、自摄

图6-40　挂落与花牙子
来源：课题组自摄

（二）挂落与花牙子

挂落是古建筑中额枋下的一种构件，常用镂空的木格或雕花板做成，也可由细小的木条搭接而成，用作划分室内空间同时亦具有装饰效果。花牙子即有雕饰的牙子，亦可简称花牙。花牙子是用于倒挂楣子两端角部的一种装饰构件，有用棂条拼接而成，也有用木板雕刻而成，形似雀替，不过较雀替轻巧。徽州建筑的挂落与花牙子，善用徽州木雕之长，强化了装饰的艺术效果（图6-40）。

第三节　徽州建筑生态技术

徽州人世代秉承着与自然环境和谐共生的生活理念。在建村造屋的营建活动中，徽州匠人坚持对自然资源取用适度，对自然地形改造适度，对自然灾害应对适度的原则，发挥聪明才智，在认识自然、尊重自然、适应自然的基础上，立足科学、因地制宜、合理改造，历经匠人们的不断探索与实践，创造积累了适宜徽州地域特征的生态营建技术。

一、取材建构的"生态技术"

（一）就地取材

徽州盛产松、杉、柏、椿等优质木材，群山之间不乏适合烧砖制瓦的黏土、石灰石等基础石材，特殊的山石构造、植被种类也是加工地产桐油、生漆、颜料等的天然原料，"黟县青"等优质石材更是建筑的上佳材料。徽州人在长期的生活中，充分认识、挖掘、使用天然材料性能，建筑材料全部就地取材，适材选用。同时减少石材、木材取用时对原有山体植被的扰动，以及取用后山体植被的"休养生息"。因遵循有节制、有维护的循环取材方式，故虽历经几朝几代，仍然保持了徽州山水植被资源的丰盛。

（二）本地加工

"徽州帮"匠人们建屋时分工明确、各司其职、规程有序。徽州古代工匠以砖、石、木、铁、窑五色匠人组成"徽州帮"。其中铁、窑两种工匠各自独立成坊，提供半成品通用建屋基材。建屋前，先由屋主找来砖、石、木匠班师磋商（徽称会墨），选定房屋格局式样、定下尺寸。各工种推算各自用材，分别进山选取。

石材用作房屋的石柱、柱础、墙基、墙裙、铺地、台阶和石雕基材。徽州工匠根据用途不同选取不同质地的石材，对石材在开料场现场粗加工成相应规格。

木材用于房屋的大、小木作及木雕。木匠班师推算好各种用材后，木匠入山林依据功能所需质量选料、号树、砍树，此谓"出山料"。木材就地粗加工，分别堆放处理、候用。

砖瓦材用作房屋的墙体、屋面及砖雕，为窑作半成品。墙体砖尺寸较小，砖雕要求用砖更加细腻且尺寸较大。砖瓦匠推算好用材计量，在窑作定制。砖雕及特殊用砖瓦会在定制时适当放些余量，以保证在施工耗损或房屋使用损坏后，有同窑式样色泽相同的替换产品。

上述选材加工的方法与程序，在做到物尽所用的同时，减少了材料的运输量，避免了施工现场加工材料时的二次污染，有利于资源的合理使用。

（三）量材适用

徽州产杉木、松木、樟木、银杏等木材，有质地坚硬、尺寸大、防虫蛀等优良性能，当地的工匠充分挖掘各种木材特性，根据材料优劣性能，量材适用，争取节约资源，追求高性价比。如樟木、杉木纹理通直、质地细密、不易弯曲开裂、耐腐蚀，常用于建筑中的大木构件——柱、梁、枋、檩、椽子。马尾松干燥，抗弯强度和弹性模量值大于杉木，楼行梁、楼板梁及楼板等通常选用马尾松。门、窗等小木构件常选用质轻、易加工、不易变形的杂树。在徽派建筑中常常看到一种材料在不同位置的不同表现形式和组合方式，这是当地人通过传统工艺对建筑材料的再加工，创造出符合地方特色的"艺术产品"。

徽州建筑常用的石材主要有黟县青与茶园石两种类型。黟县青又名"黟县清水石"，属于大理石的一种，质地坚硬，色彩表现为青灰色，朴实而凝重，与徽州建筑的整体色调相协调。再经打磨令其表面光滑，用在祠堂或部分民居中的抱鼓石、漏窗、石雕门窗等地方。茶园石色泽为灰白色和粉红色，主要用

图6-41 徽州石敢当
来源：课题组自摄

于建筑地基、基础、桥梁等处，特定的茶园石和黟县青也是优质的石雕材料，用于石材柱础、栏板、厅堂台阶等处，辅以精美的雕刻进行装饰，让朴实庄重的石材晕染华丽与典雅。

徽州地区有着丰富的黏土资源，且烧制工艺高超，徽州地区的青砖和黛瓦经黏土制模、焙烧而成。使用当地优质泥土烧制的砖块有着防火隔热的功效。

（四）适宜建构

"徽州帮"匠人们在充分认识材料性能后，创造传承了应对气候、适应环境、满足需求、蕴含文化的建构技术。仅以石块砌筑墙裙基为例：沿围护墙做条形石料基础，在檐柱处局部加宽。土下采用块石干砌法，出土后调试砌筑，且条石面凿毛（为使上下石面充分咬合）至室内地坪处，基顶面铺一周压栏石与室内地面平齐，为砖墙身防潮，压栏石上砌石条墙裙。徽州村落巷道狭窄，为防碰撞，房屋阳角用石条砌转角石，上刻"泰山石敢当"字样，将转角尖角削成斜角，退让了局促空间，也满足了辟邪安宅的心理需求（图6-41）。

二、应对灾害的"生态技术"

建筑是百年大计，徽州人建屋充分考虑了使用过程中可能出现的灾害，未雨绸缪，运用了一系列技术防患未然。

（一）防患火灾的技术

徽州在地狭人多、族群集居的情况下，村落中房屋相邻咫尺，且木结构的徽州建筑最是怕火。为防一屋失火、"火烧连营"的现象出现，徽人在建村造屋中，采取了系列防范措施，充分体现了徽州人的聪明智慧。

1.设置火巷

相邻多进建筑之间设条深窄的小巷（又称火巷）。火巷两侧的墙是高耸封火墙，各单元都向火巷开有侧门，且相向开启的门错位开设。火巷除了具有组织交通的功能外，也有防火的作用。如歙县斗山街许家大院的火巷，长42m，随地势起伏做成上、中、下三级阶梯状，其中前进的侧门是水磨砖贴面，防止火势蔓延。这种用火巷分割建筑，划分若干"防火分区"，且"一巷多用"的做法，体现了徽州先民的营建智慧（图6-42）。

2.马头墙（又称风火墙、封火墙）

马头墙高出屋面1m以上，在邻居发生火灾时，起着隔绝火源，防止火势继续蔓延的作用。马头墙除了防火的效用外，还具有防风、避雷、保温的作用，是徽州建筑构造兼具美学价值和实用价值的典范。

3.防火门

徽州民宅的外门门框以砖石构造，门头的过梁和门扇采用的是木料。若火灾发生时，为了阻绝可能出现的门梁或门扇沾染火星后被烧毁倒塌的情况，而影响疏散与救援工作，故而在梁木上贴水磨砖，用铁皮包裹门扇（明代多见），并都用铁钉进行固定，提高了门梁或门扇的耐火能力，利用阻燃物断绝火势的蔓延，类同于现今的防火门构造（图6-43）。

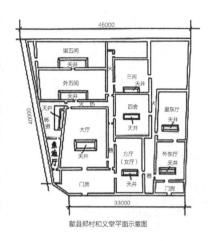

图6-42 火巷
来源：自绘

4.防火窗

徽州民宅外墙开窗高且小，开向邻近建筑的窗框采用砖石做成，框内开凹槽，窗扇采用两块水磨大方砖推拉开闭；也有稍大的窗扇用的是木质，用贴水磨砖，或包裹铁皮，将易燃的木构严密地包裹起来，可以有效地将外火隔绝于墙外，而内火也无法成势。这样的门窗设计，可以最大限度地保证封火墙阻火功能的完整性和彻底性（图6-44）。

5.天井

天井是徽州建筑的核心，屋面雨水从四面汇入天井"明塘"，内置太平缸或石板水池，承接天然雨水。既可养鱼种花供观赏，也有储水灭火之用意，以期做到有备无患（图6-45）。

"明圳潺潺门前过，暗圳潺潺堂下流"是徽州古民居村落水系统的真实写照。合理地规划和梳理村落的水系工程，形成特有的村落水系循环系统，也是火灾消防的储备用水（图6-46）。

图6-43 防火门（左、中）
来源：课题组自摄
图6-44 防火窗（右）
来源：课题组自摄

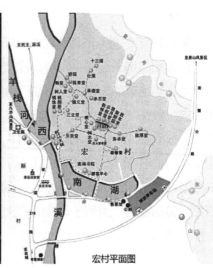

宏村平面图

图6-45 天井（左、中）
来源：课题组自摄
图6-46 宏村水系（右）
来源：刘仁义，金乃玲.徽
州传统建筑特征图说[M].
北京：中国建筑工业出版
社，2015.

（二）防范地震灾害的处理

1.柱基的柔性处理

徽州建筑中，柱子落于柱础上，无连接件，在静力下保持结构稳定性。但当地震发生时，上部整体结构可以在水平地震力的作用下发生微小水平滑移，削减了地震反应，起到滑移隔震效果。另一方面，由于础石的高径比很小，加之房屋的高宽比也不大，水平惯性力产生的倾覆力矩会被房屋自重产生的力矩平衡掉，柱脚可能产生水平滑移，但房屋不会倾覆。这种"柱脚小滑移"的做法在徽州建筑中很常见，类似现在的隔震消能做法（图6-47）。

2.木构架的空间作用

徽州建筑是木结构体系，因自身结构轻，又有很强的弹性回复性，对于瞬间冲击荷载和周期性疲劳破坏有很强的抵抗能力。因在地震中吸收的地震力小，结构在基础发生位移时可由自身的弹性复位而不至于发生倒塌，且采用的榫卯结构（类似铰接点连接），允许产生一定的变形，在地震作用下通过变形吸收了一定的地震能量，降低结构的地震反应，使徽州建筑在地震时产生了"墙倒屋不塌"的效果（图6-48）。

图6-47 柱础（左）
来源：课题组自摄
图6-48 榫卯结构（右）
来源：课题组自摄

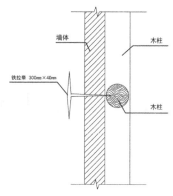

图6-49　铁拉牵
来源：课题组自摄、自绘

3.铁拉牵

铁拉牵有加强墙体与主体木构架连接稳固的作用。铁件会在外墙面露出菱形铁件，铁件穿透墙与木柱，在内墙留出燕尾铆，将墙与木柱拧紧后，燕尾铆砸平。在墙体间、墙角处、墙窗交接处等采用锚固件固定，减少空隙、加强紧密接触（图6-49）。

三、应对环境的"生态技术"

（一）因地制宜的建筑布局

徽州先民在村落规划和民居建造上，一方面因地制宜，充分利用有限的土地以及木材等自然资源，避风、向阳以节约能源，从而实现对自然环境的生态适应；另一方面，通过挖沟开圳、植树培林、兴建建筑等措施，人为地改造环境，以实现村落、民居和周围环境的和谐相融。徽州先民在解决自然环境和人为环境关系的问题上，始终运用了"天人合一"的哲学观念，创造出别具一格的村落和民居形态，深刻体现了生态智慧。

（二）良好的民居物理环境

天井狭长，且四周房屋都挑檐，正好符合徽州所处的地理纬度太阳高度角变化，使得室内冬暖夏凉。在夏季，自然光线经天井的"二次折光"后变得柔和，天井成为气候缓冲带，有防暑降温之用，调节着建筑内部空间温度、湿度达到舒适均衡。天井也起到通风采光的作用，建筑房间的门窗朝向天井开启，当受到太阳照射时，天井内的空气升温，热空气上升，四周的冷空气下降至天井底部，使得室内外的空气形成对流，带走水汽，防止木质结构霉变。天井还提供了一个纳凉休闲、人际交往的共享空间。反映了徽州先民顺应自然、亲近自然、融于自然、追求"天人合一"的生态智慧（图6-50）。

（三）防潮、防虫、防野兽等措施

徽州建筑地处山区，气候潮湿多雨，为了满足建筑的防潮、防虫、防野兽等要求，保障建筑使用安全舒适，常采取以下几条措施并举：①以楼居及封闭的外墙围合有效避免野兽的攻击；②采用如樟木等气味可以驱蚊虫的木材；

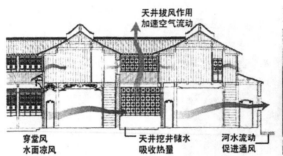

天井拔风作用
加速空气流动

穿堂风
水面凉风

天井挖井储水
吸收热量

河水流动
促进通风

图6-50　徽州民居天井气
流示意图（左）
来源：课题组自绘
图6-51　地板隔层通风口
（右）
来源：课题组自摄

③地坪及墙基施工时，分层撒石灰粉防白蚁；④建筑的外墙面涂抹有白垩的白粉墙，白垩是白色粉状碳酸钙沉积物，既可反射阳光以隔热，又可在阴雨时防潮驱湿保护木构架；⑤在建筑内部为了防潮，直接在基础土壤处采用石材建造，如为了防止木柱腐烂，采用石材柱础阻碍潮气上升，有效地减缓了石柱底部受潮，且木柱底部设置如意头形的孔槽，谓之虎口，这种做法增加了木础与石墩间的空隙，产生气流，带走潮湿空气；⑥为了防止地板受潮，徽州先民在房间的四周放置青石，上下为地板和地坪，形成一个封闭的空间，避免潮湿空气直接侵蚀木地板，同时在青石上设置通风口起通风、排风作用（图6-51）。

（四）灌斗墙

灌斗墙主要见于晚清时期的徽州建筑。灌斗有干、湿两种，干斗为碎砖瓦砾混干土填实；湿斗采用红泥土和水调成糊状，一层碎砖瓦、一层糊状泥巴灌实。采用一皮一带砖的砌筑方法，七皮一平放扁砖，内部装填泥浆。灌斗墙综合了砖墙坚固美观、泥墙防湿避寒的优点，同时可以利用碎料建材，减少建筑垃圾，形成循环利用。

本章小结

徽州建筑营建技艺，经过历代匠人的经验积累与传承，发展至明清时，已经形成了规格齐全、做法成熟的完整体系。木构架承重体系安全、稳定，且因空间要求有地域性的变异；建筑构造实用、合理，兼顾美观，是构成徽州建筑风貌的重要元素；对地方材料的因材施用、应对防灾的构造措施及适宜环境的空间布局，体现了徽州人与自然和谐共生的生态理念，是徽州历代营建匠人们的智慧结晶。

第七章
徽州建筑装饰与色彩

徽州建筑的装饰，素雅质朴，凝练了"天人合一"的营建理念，浸染了遵礼崇学的文化风采，表达了对美好生活的无限向往，体现了山水相融的美学观，是徽州建筑的重要组成部分，具有鲜明的地域特色。徽州建筑装饰以徽州三雕、徽州彩画、匾额楹联几种装饰手段混合使用，共同美化室内外建筑空间。

第一节　徽州三雕

"徽州三雕"是指流行于古徽州，具有独特艺术风格的木雕、石雕、砖雕等三种地方传统雕刻工艺。它作为徽州建筑最重要的装饰手段，广泛应用于徽州建筑的室内外。"徽州三雕"也是徽州文化艺术的重要组成部分，集社会风俗、民间信仰和雕刻艺术等为一体，体现了徽州民间雕刻的高超艺术水平，具有很高的文物价值和艺术价值，已被列入第一批国家非物质文化遗产名录。

一、"徽州三雕"工艺

"徽州三雕"经过徽州匠人长期的经验积累，雕刻技艺师徒相传，三雕成品风格也有帮派之别。就雕刻工具而言，依据三雕雕刻的基材特性选用，砖雕的传统工具主要有木炭棒、凿、砖刨、撬、木槌、磨石、砂布、弓锯、鬃刷、牵钻等；木雕的传统工具主要有小斧头、硬木槌、凿、雕刀、钢丝锯、磨石、砂布等；石雕的传统工具主要有錾子、楔、扁錾、刻刀、锤、斧、剁斧、哈子、刹子、磨头等。

（一）砖雕

1.砖雕的制作工艺流程

徽州砖雕是一种特殊的含铁较高的黏土，经过多环节工艺加工，经低温煅烧而成的装饰工艺艺术（图7-1）。

2.砖雕雕刻技法

徽州砖雕依据表现形式、表现内容、体积层次及观赏远近的差异，采用相宜的

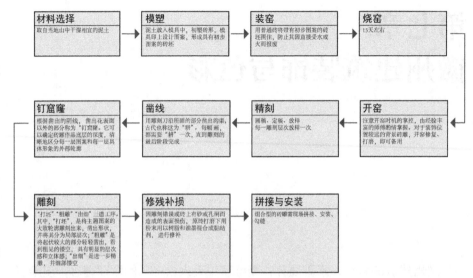

材料选择	模塑	装窑	烧窑
取自当地山中干湿相宜的泥土	泥土放入模具中,初塑砖形,模具印上设计图案,形成具有初步图案的砖坯	用普通砖将带有初步图案的砖坯围住,防止其因直接受水或火而报废	13天左右

钉窟窿	凿线	精刻	开窑
根据凿出的阴线,凿出花表面以外的部分称为"钉窟窿"。它可以确定砖雕作品底层的深度,清晰地区分每一层图案和每一层具体形象的外部轮廓	用雕刻刀沿所画的部分凿出沟渠,古代也称这为"耕"。每幅画,都需要"耕"一次,直到雕刻的最后阶段完成	画稿、定稿、放样每一雕刻层次放样一次	注意开窑时机的掌控,由经验丰富的师傅酌情掌握。对于装饰位置较远的背景砖雕,开窑修复、打磨,即可备用

雕刻	修残补损	拼接与安装
"打坯""粗雕""出细"三道工序。其中,"打坯",是将主题图案的大致轮廓雕刻出来,雕出形状,并将其分为局部层次;"粗雕"是将起伏较大的部分轻轻雕出,看到粗浅的镂空,具有明显的层次感和立体感;"出细"是进一步精雕,并细部镂空	因雕刻错误或砖上有砂或孔洞而造成的表面残伤,原砖打磨下用粉末用以树脂和油墨混合或黏结剂,进行修补	组合型的砖雕需现场拼接、安装、勾缝

图7-1 砖雕制作工艺流程图
来源:课题组自绘

雕刻技法,以求达到最佳的装饰艺术效果。徽州砖雕雕刻技法主要有平面雕、浅浮雕、深浮雕、镂空雕、圆雕等。匠师用刀当笔,以砖为纸,图案丰富而清晰,刀法细腻且流畅,每一幅砖雕作品都是综合运用徽州砖雕雕刻技艺的智慧结晶。

1)平面雕

在平面雕中,凹底和凸面雕刻表面光滑均匀,最多在凸面雕刻表面刻线,凹凸深度约1cm。纹理简洁精致,富有节奏感,用以作为图案背景或图案边框(图7-2)。

2)浅浮雕

浅浮雕凸出面不是非常的明显,没有镂空部分,一般会在凹下去的平底上面刻上一些图案,让它看上去更加有层次感(图7-3)。

3)深浮雕

深浮雕是一种立体感比较强的浮雕,在有些位置会采取镂空工艺,基本上都会有3个层次。常用于徽州建筑门楼装饰核心位置(图7-4)。

4)镂空雕

镂空雕,又称透雕,雕刻难度较大,但立体效果强。常在5cm厚的砖上将图案刻有5~6个层次,可从多个角度展示立体画面,有空间通透感,精湛技艺的雕刻作品甚至可以使部分雕刻的门窗等构件进行转动,用于雕刻有故事或有情节的砖雕作品,装饰于徽州建筑门楼核心位置(图7-5)。

图7-2 平面雕砖雕(左)
来源:课题组自摄
图7-3 浅浮雕砖雕(右)
来源:课题组自摄

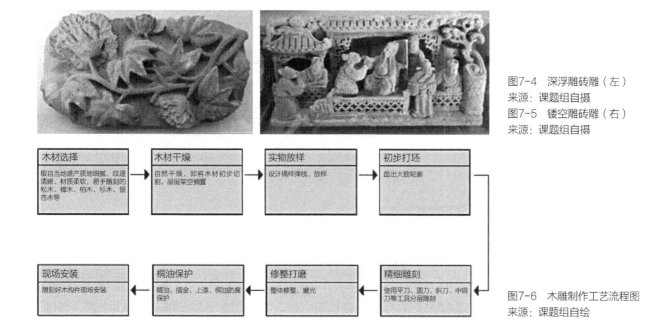

图7-4　深浮雕砖雕（左）
来源：课题组自摄
图7-5　镂空雕砖雕（右）
来源：课题组自摄

木材选择	木材干燥	实物放样	初步打坯
取自当地盛产质地细腻、纹理清晰、材质柔软，易于雕刻的松木、樟木、柏木、杉木、银杏木等	自然干燥，即将木材初步切割，层层架空搁置	设计稿样弹线、放样	凿出大致轮廓

现场安装	桐油保护	修整打磨	精细雕刻
雕刻好木构件现场安装	精油、描金、上漆、桐油防腐保护	整体修整、磨光	使用平刀、圆刀、斜刀、中铜刀等工具分层雕刻

图7-6　木雕制作工艺流程图
来源：课题组自绘

5）圆雕

圆雕立体感强，可多角度观赏。砖雕常在屋脊吻兽等构件中使用圆雕技法，或在门楼砖雕中与透雕、深浮雕等技法混合使用，增加砖雕的空间感。

（二）木雕

1.木雕的制作工艺流程（图7-6）

2.木雕雕刻技法

1）线雕

又称阴雕，在平面以下雕刻，即在板材平面刻阴线的方式展现图案。雕出的图案线描感较强，立体感较弱。

2）剔地雕

在平板木材上，剔除不必要部分，留出图案，再对图案精雕细刻。雕出的图案立体感较强。

3）透雕

徽州木雕的透雕有两种含义：一是指多层镂空雕刻，图案空间进深感较强，可以表现丰富的场景；二是用锯丝或凿子将不必要的地方"锼"空，然后在观赏面精雕细刻。

4）圆雕

立体雕刻，可全方位观赏。用于单独构件的雕刻。

5）嵌雕

出现于清朝，即将复杂的花样单独做好，贴于装饰处，呈现浮雕效果。

（三）石雕

1.石雕的制作工艺流程（图7-7）

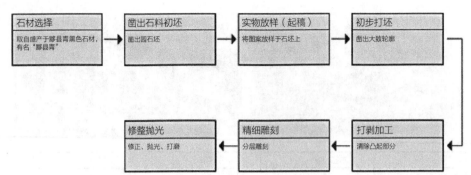

图7-7　石雕制作工艺流程图
来源：课题组自绘

2.石雕雕刻技法

1）线刻、隐刻、减地平雕

线刻即是在石板上放样刻画，主要用于栏杆、台基或图案边框。隐刻是在线刻基础上的加工，沿线刻图案剔凿，使图案微立体。减地平雕发展于隐刻，是将图案以外的部分凿刻剥落一层，再在图案上线刻雕刻，效果比隐刻更显立体。

2）浮雕、透雕

浮雕较减地平雕更加立体。透雕是在浮雕基础上进一步加工，镂空背景部分，多层次表现。透雕一般有两种：一是在浮雕基础上镂空背景，有单面雕和双面雕；二是介于圆雕和浮雕之间，也称凹雕或镂空雕。

3）圆雕

全方位立体雕刻，细部混合技法雕刻。

二、"徽州三雕"的内容题材

徽州三雕的内容多角度、多方位地映射出当时社会的生活背景、文化取向与生活情趣。徽州人祖祖辈辈在"新安理学"的教化下，"崇儒"潜移默化地渗入艺术创作和审美当中。徽州三雕作为徽州建筑的重要装饰手段，兼有美化环境与教化育人双重作用。因而，徽州三雕的表现内容将教化育人、审美情怀、吉祥愿景、抒情达意等精神内涵，通过雕刻形式表现出来。

（一）花木鸟兽类

徽人自古崇文，"岁寒三友""梅兰竹菊"、松柏荷花等中国文人喜咏的植物类，常见于徽州三雕作品。也有猛兽、飞禽、花鸟虫鱼集于同一画面，玲珑剔透，错落有致，层次分明，栩栩如生。画面布局繁简得体，显示出勃勃的生机。背景图案以折枝、散花、丛花、锦地叠花、二方连续、四方连续等手法，寓意喜庆、幸福，传达人们的美好愿望（图7-8）。

（二）人物故事类

此类雕刻善于表达积极向上、勤勉励志、邻里和睦、忠孝节义的精神内涵，"文王访贤""姜太公钓鱼"生动传神地刻画了周文王求贤若渴的故事；"岳

图7-8 汪口村俞氏宗祠
"万象更新图"
来源：课题组自摄

图7-9 碧山志庭居"姜太
公钓鱼图"
来源：课题组自摄

图7-10 汪口村俞氏宗祠
"渔猎图"
来源：课题组自摄

母刺字""太白醉酒""郭子仪上寿"等历史故事宣扬了宋明理学的思想；"刘海
戏金蟾""八仙过海""和合二仙""蟠桃宴会"等神话故事，再现了民间的美好
传说；"西厢记""关云长夜读春秋""武松打虎""刘备招亲"等戏文故事表达
了对民间英雄的崇拜；"天官赐福""佛印禅师""送子观音"等代表了宗教对徽
州人的影响；民间故事与民俗方面的有"彩衣娱亲""百寿堂""百子图""麒麟
送子""丹凤朝阳""双狮抢绣球""二龙戏珠""龙凤呈祥""状元及第"等，寓
意生活喜庆、事业顺达（图7-9）。

（三）生活场景类

世俗生活中的人物"渔樵耕读""诗书传家"等表现题材，是徽州人对身边
熟悉的生活场景的艺术提炼，来源于当时的农耕生活和族人生活场景。相关的
作品有"渔樵耕读""赶考""琴棋书画""采药""垂钓""天伦之乐""农耕图""插
秧"等（图7-10）。

（四）山水风景类

徽州自古钟灵毓秀，有着绝美的山川溪水风景。取材于自然山水风景雕刻
的内容有"黄山松涛""林园山水"等（图7-11）。

对美好生活的向往及吉祥如意的寓
意，是徽州三雕的重要表现内容。代表
作品有："独占鳌头""龙凤呈祥""麒
麟送子""暗八仙""瓜延蒂绵""榴开
百子""喜上眉梢""杏林春燕""喜鹊

图7-11 南屏村慎思堂"林
园山水图"
来源：课题组自摄

登梅""鱼跃龙门""马上封侯""三羊开泰""太平有象"等众多作品，以及以"石榴""莲子""花生"等为素材的作品，或取谐音寓意，或取情节寓意，或取画面喜庆，都有祈福之意（图7-12）。

（五）吉祥纹样图案类

博古图案有博古通今、崇尚儒雅的寓意，博古图常用于宅第的内部装饰，被认为是文人仕宦高雅博学的象征（图7-13）。

几何图形与纹饰花边图案本身没有特别的含义，常见构图有方形（方格、方胜、斜方块、席纹等）、圆形（圆镜、月牙、古钱、扇面等）、字形（十字、出字、亚字、田字、工字）等。

（六）文字类

以多种形式的"寿""喜"等文字组成，用于表现贺喜或祝寿（图7-14）。

三、"徽州三雕"的装饰部位及表现形式

（一）砖雕

砖雕是以当地的泥土烧制而成，成品青灰色，质地坚硬，耐受风霜雨雪，可作为室外装饰材料。徽州砖雕装饰主要用于徽州建筑外立面的门楼、门罩、门套、门楣、窗楣、漏窗、屋脊等处（图7-15）。

门楼位置的砖雕是以组合形式出现的，结合门檐的构造，以图案式砖雕为背景，正中以多层次雕刻手法展现生动内容的主题砖雕点睛，各栋建筑门楼虽形式内容多样，中轴对称、重点装饰的装饰形式则异曲同工。窗楣处砖雕造型简单，仅在窗上结合窗檐配以图案式砖雕，起到在立面上强化窗造型的效果。屋脊处砖雕是以

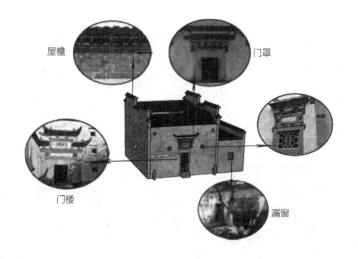

图7-15 "回"字形民居
石雕位置示意图
来源：课题组自绘

透雕图案形成线性装饰。漏窗砖雕形式丰富多样，多为透雕图案或树叶、寿字等。

（二）木雕

徽州木雕因木材的特性，耐水、耐温差性能较差，多用于室内装饰，主要是大木作的构件雕饰，如梁架、梁托、斗栱、雀替等处，以及小木作的檐条，楼层栏板、华板、柱棋、窗扇、栏杆、隔扇、屏风等处。祠堂建筑的木雕以大木作木雕装饰为主，民宅则以沿天井四周一圈的隔扇及窗扇为徽州木雕的重点装饰处（图7-16）。祠堂梁架木雕刻，以空间组合形式展现：梁中部适度雕刻主题内容，两端辅以卷叶或卷云图案，梁托、斗栱、斜撑上使用圆雕，形成完整雕刻构件；雀替雕刻简单发戗，如此形成祠堂屋架的木雕装饰。民宅的屋架木雕主要出现在厅主梁、月梁、斜撑及雀替处，表现形式类同祠堂屋架。民宅天井四周的楼层栏板、华板、柱棋、窗扇、栏杆、隔扇等处，是木雕装饰的重要部分，其中楼层栏板、华板、柱棋、栏杆木雕采用单元图案重复表现环绕天井；门隔扇采用单扇构图，腰板以深浮雕展现主人文化取向的戏文故事，裙板以浅浮雕雕刻"梅兰竹菊"等，胸板及楣板透雕成花卉或冰裂纹图案，往往围绕天井腰板及裙板图案主题内容以类似连环画形式次序展现（图7-17）；窗扇构图重点是窗腰部木雕，多以深浮雕手法雕成精美生动作品。

图7-16 祠堂木雕装饰位置
示意图（南屏叶氏宗祠——
叙秩堂）（左）
来源：课题组自摄
图7-17 民居木雕装饰位
置示意图（屏山杨自立宅）
（右）
来源：课题组自摄

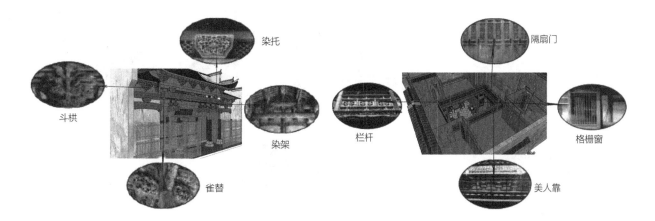

图7-18　西递西园漏窗
（左）
来源：课题组自摄
图7-19　西递东园漏窗
（中）
来源：课题组自摄
图7-20　呈坎宝纶阁石狮
子石雕（右）
来源：课题组自摄

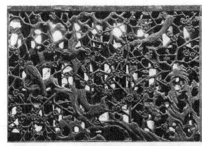

图7-21　西递民居抱鼓石
（左）
来源：课题组自摄
图7-22　呈坎宝纶阁栏杆
（右）
来源：课题组自摄

（三）石雕

盛产于黟县的"黟县青"，温润、细腻、坚实，耐雨雪，防潮性能好，因而主要用于室外装饰的漏窗、抱鼓石、栏板、石狮、石碑、石牌坊、台阶等处，以及室内柱础、隔墙底部等处。石牌坊、祠堂建筑的柱础、石狮及漏窗是石雕的重点装饰部位（图7-18~图7-22）。

石柱础的形态丰富多样，有鼓形、方形、八角形、六角形等。抱鼓石则多见置于大宅入口两侧，形体较高，由独立石材制造。一般石鼓表面不做雕饰，多在须弥座等处雕饰。石雕漏窗有方形、圆形、叶形等，构图疏密匀称，灵活多变，追求古拙凝重，是突破有限空间达到无限意境的有效手段，使得内外相借、引室外风光入室，构成"四面春光入，无处不花香"的庭院景致（图7-23）。

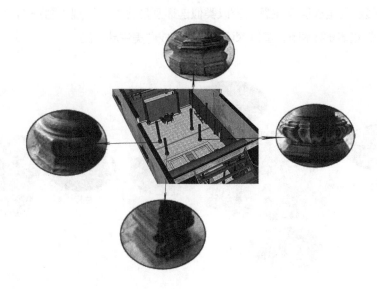

图7-23　石柱础形态示意
图（南屏叶氏宗祠——叙秩
堂柱础）
来源：课题组自摄

第二节 徽州建筑彩画与楹联

一、徽州彩画

我国传统建筑装饰中，彩画起到十分重要的作用，它与建筑相伴而生并传承发展，至清代达鼎盛期。徽州建筑彩画色彩淡雅，线条精细，注重整体和谐统一，风格近"苏式"彩画。彩画相较于"徽州三雕"，造价低廉，成画便捷，在徽州建筑中虽使用不如"徽州三雕"广泛，但仍受民众喜爱，经历代匠人们经验相传，在构图、符号、内涵、色彩等方面表现出明显地域特点。徽州室内彩画现存较完整的为歙县呈坎宝纶阁、关麓村民居，室外彩画现存较完整的为绩溪湖村，细观可见显著的地域特征。

（一）彩画传统工艺

室外的徽州彩画以天然矿物质颜料，如赭石、铬黄、石青等，多为红、赭、黑色，绘于白色石灰墙上，耐风霜雨雪，历久弥新。室内彩画在木质面绘制，采用天然矿物质颜料或天然植物提取的植物颜料，绘制工艺流程见图7-24。

（二）徽州彩画表现内容

古代徽州社会长期尊崇的儒学礼教、宗族观念等精神向度及与徽民生活息息相关的民风民俗，与建筑彩画表现内容有着稳固而潜隐的关系，室内彩绘"图必有意，意在吉祥"，反映了民众的文化取向。徽州彩画表现内容大致可分为以下几种。

1.花草树木、鸟兽虫鱼

彩画表现的花草树木鸟兽虫鱼等，往往单只构成构图基本元素，再依据整幅构图构思，在图面中重复出现（图7-25、图7-26）。

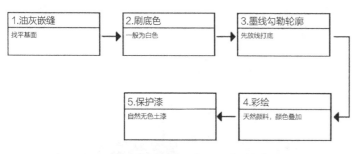

图7-24 室内彩画绘制工艺流程图
来源：课题组自绘

图7-25 卢村私塾天花彩画
来源：课题组自摄

彩画表现的人物故事叙事性较少，以场景式为主（图7-27）；结合建筑位置的吉祥寓意，以表现神话、传说人物内容（图7-28）。

2.山水风景、渔樵耕读

表现赞美自然山水的内容及所处环境的场景景物，反映徽州人向往宁静生活的"渔樵耕读"也成为彩画的主要表现内容（图7-29）。

3.各式图案

流行于徽州的米字格、松纹、锦纹、几何纹等（图7-30~图7-32）。

（三）徽州彩画位置与表现形式

徽州彩画室外主要位于门楣、窗楣、屋角墙垛、印斗式马头墙墙垛及墙轮廓勾绘处。室外门楣、窗楣为中心构图，内容以山水、人文为主，以墨线为主辅以红、赭色绘制。印斗式马头墙墙垛及墙轮廓以墨线勾绘。屋角墙垛彩色花卉居中以墨线勾框。

徽州彩画在室内主要位于梁、枋、藻井、天花、门扇、窗扇等处，色彩也明显较室外丰富。位于梁、枋多以"包袱锦"式绘制，色彩素雅质朴，起到梁枋中部的点睛效果；藻井的彩绘，结合藻井构件，以层层递进、突出井顶构图图式，色彩鲜艳，烘托了作为顶部中心的空间效果；室内天花的徽州彩画，多以蓝色水纹图案框边，中部在淡赭色或白色底色上以彩色或重蓝色绘制有吉祥寓意的花卉、灵兽、果实，构图完整，界面清晰，图案丰满。门扇

图7-26　徽州民居马头墙檐下彩画（左）
来源：课题组自摄
图7-27　南屏叶氏支祠（中）
来源：课题组自摄
图7-28　歙县民宅门楣彩画（右）
来源：课题组自摄

图7-29　黟县关麓民居彩画
来源：黄成.明清徽州古建筑彩画艺术研究[D].苏州：苏州大学，2009.

图7-30 黟县笃谊堂窗板彩画（左）
来源：黄成.明清徽州古建筑彩画艺术研究[D].苏州：苏州大学，2009.
图7-31 黟县关麓板壁、窗、门彩画（右）
来源：黄成.明清徽州古建筑彩画艺术研究[D].苏州：苏州大学，2009.

图7-32 绩溪华阳周氏宗祠岔角彩画
来源：黄成.明清徽州古建筑彩画艺术研究[D].苏州：苏州大学，2009.

图7-33 呈坎宝纶阁梁架彩画（左）
图片来源：课题组自摄
图7-34 徽州民居彩画（右）
来源：课题组自摄

及窗扇的彩绘，色彩丰富，多以场景或情节内容表现，有些窗扇还在画幅内画一扇面，扇面外以图案为背景，扇面内绘以人物场景，构图主体更加突出（图7-33）。

徽州的室内彩画，皆运用天然颜料。在色彩的搭配上，祠堂运用红与绿的互补关系、黑与红的对比关系，使色彩艳丽饱和，彰显了富丽堂皇的效果。民居室内顶面的图式配以蓝白用色，"彩画不彩"，和谐淡雅，展现了宁静质朴的空间氛围，达到了较高的艺术水平（图7-34）。

二、楹联匾额

楹联匾额是徽州建筑重要的装饰内容，它通过文字的方式，直接表达了屋主的价值取向，彰显着主人的生活品位，是徽商好儒的民风体现。

（一）徽州楹联匾额的主要内容与位置

匾额主要为厅堂定名或题志，悬挂于门的正上方或厅堂主墙面的正上方。

图7-35 歙县棠樾诚孝堂
（左）
来源：课题组自摄
图7-36 黟县卢村志诚堂
（右）
来源：课题组自摄

文字精练，以三四字，赋予深远寓意（如承志堂、舒庆堂、诚孝堂等）书写于黑色木板上，讲究的是文字的内涵与书法功底（图7-35）。民居楹联长约5尺（0.33m），宽约5~7寸（0.17~0.23m），有金边红底黑字、红底金字、黑底金字等颜色搭配，以对称或加横批的文字组合构成书写在木板上，悬挂于正厅中间的两侧檐柱，体现了主人的文学修养与取向。闲暇时，主人会友细细品味，成为徽人的生活常态。楹联匾额主要是以精妙的语言，表达忠孝节义仁的儒家思想以及励志向上的人生寓意。常见采用的书法有隶书、草书、行书、篆书等（图7-36）。

（二）徽州楹联匾额的主要特征

1.从文化内涵看

哲学思想以及崇尚自然的理念是封建时期徽州社会的主流观念，徽州楹联匾额所书写的内容是徽商、徽州人处事理念的集中且直白的反映，特别是明清时期程朱理学在徽州的盛行，更使徽州楹联匾额不但具备了中国传统楹联的特性，而且更加具有鲜明的地域性和广泛的实用性。

2.从表现形式看

屋主的精神寄托以文字实物装饰于建筑，这种装饰形式遍布于徽州的祠堂、民居及水口景观建筑等处。这主要依赖于建造者的经济实力、文化底蕴和对美学的追求，是屋主内心修养的表露和释放。悬挂于正中上方及两侧的楹联匾额，结合室内外建筑空间的色彩、位置及功能，采用适宜的底色、填字色及字体，加强了正厅的中轴线礼制庄严感，也提示了中心所在。

3.从依存环境看

徽州楹联匾额是屋主自身人生体验、儒学修养、价值取向的宣告，是徽州建筑不可或缺的装饰部分，悬挂在民居厅堂、宗族祠堂、亭台楼阁中的楹联匾额，既是宗族家庭的教化形式，也是宗族家庭文化传承的形式。楹联匾额依存于这样的社会与文化环境，成为徽州建筑装饰的固定组成部分。

第三节　徽州装饰的艺术表现

一、背景与前景的关系

徽州建筑的每一个装饰面，都注重前景与背景的关系处理，尤其是人可近观之处，无论是三雕、彩画还是楹联，在图幅布局上，前景处于图幅几何中心，且采用深浮雕或彩绘等手法重点细致刻画，多层次、多色彩表达出人物故事、吉祥图案、生活场景等内容；背景采用单元图案重复出现的构图方式，以浅浮雕、素色等方法，环绕前景晕开或以前景为中心对称晕开，取得中心突出、主次分明，而又画面丰富饱满的艺术效果。

二、形式与功能的关系

徽州建筑装饰形式的选择与所处空间的精神与物质功能密切相关。对于祠堂、书院等公共建筑来说，为了显示宗族的经济实力与价值取向，追求庄严、大气、富丽的装饰效果。故而自门楼始，装饰都以强调中心的对称形式出现，大门正中巨幅匾额题写堂名，并辅之以精美砖雕，两侧以图案式浅雕砖雕或泾县花砖（也有以方形平转菱形铺贴）贴面，烘托入口处的宏大与威严。进门后，抬头可见的梁架，以深浮雕装饰木构件或以包袱锦彩画装饰梁枋，营造出富丽堂皇的效果。门窗等处的木格栅以深浮雕雕刻人文故事的装饰形式，宣教宗族的社会观。大厅木柱的石质柱础以图案绕边雕刻，既美化了柱础构件，也起到了承压及隔潮的功能。室外的石雕台阶，以线雕形式，起到提示与装饰功能。园林的隔墙漏窗，以透雕形式满足视线的分隔与通透功能。

而对于民居来说，屋主在门罩处追求醒目、炫耀的装饰效果，故采用深浮雕的砖雕位于门的正上方，两侧对称的浅浮雕砖雕的装饰形式，强化了门的视觉中心。入得屋内，梁架在受力较大处采用浅浮雕的木雕装饰，斜撑等木构件采用深浮雕的装饰形式，门、窗隔扇分为楣板、胸板、腰板、裙板，根据采光、遮光、隐蔽等不同需求，在木格栅相应部位采用透雕、深浮雕、浅浮雕雕刻教化内容、吉祥图案等不同装饰形式，房间顶面则运用浅底彩绘提亮。这些依据功能采用的适宜装饰题材，满足了精神与装饰效果的双重需求，达到了较高的艺术水平，形成了徽州建筑的装饰特征之一。

三、视线与内容形式的关系

结合装饰的部位，根据人们视线的可达度，采用不同的装饰内容与形式。以天井四周装饰为例：天井是徽州建筑的重要特色空间，抬头可见的正中两侧斜撑木构件，采用圆雕雕刻成狮子、戏文人物或云卷图形，重点装饰；四周木格栅的腰板、裙板是视线平视、可深入品鉴之处，采用深、浅浮雕，以连续或章节展现情节发展或励志故事内容，起到教化作用；木窗扇的人物或场景彩画用色丰富，强调视觉焦点效果；而房间顶棚不便细细观察，彩画用较少色起到面的装饰效果。

四、内容与技艺的关系

三雕与彩画装饰的表现内容涉及故事人物（或动物）、情节、叙事或场景的，采用更利于深入细致刻画的深浮雕、透雕或色彩丰富的彩画形式来表现，以达到生动的人物表情、多层次的场景空间、故事情节环环紧扣的艺术效果。装饰表现内容为抽象图案的，采用浅浮雕、线雕或素色彩画来表现，达到背景或基底衬托构图中心的装饰效果。

五、多种装饰手段的协同关系

徽州建筑装饰与建筑本体相互依托，因建筑功能、空间、位置及屋主需求，适材、适性、适处择用木雕、砖雕、石雕、彩画、楹联作为装饰素材，有点有面、有虚有实、有背景有重点，运用多种装饰表现形式于建筑空间，各展其形、各显其彩、互不夺美、互为衬托，协同作用完成建筑的装饰，共同渲染出建筑的个性之美、和谐之美，体现出建筑蕴含的文化精神，达到理想的装饰效果。

第四节　徽州建筑色彩

徽州传统建筑以青砖砌成外墙并用白砂浆进行粉刷。建筑台基、路面、柱础等部位选取当地石材进行打磨后运用。屋面及马头墙以青灰色砖瓦铺设。室内地方木材的棕色、天井地面石材的黑灰色形成室内空间的主要色调。建筑室外立面采用的本地石材的黑灰色调，墙面的白色调以及屋面砖瓦的黑色调形成了徽州建筑的外立面主要色调（表7-1）。

徽州民居主要色彩提取　　　　　　　　　　　　　表7-1

砖头（灰青色）	木材（褐色）	砖瓦（黑色）	涂料（白色）
色彩提取： RGB（53，54，50） RGB（71，85，94） RGB（139，145，169） RGB（182，187，199）	色彩提取： RGB（69，45，27） RGB（57，48，45） RGB（135，121，94） RGB（98，74，45）	色彩提取： RGB（0，0，0） RGB（13，14，12） RGB（48，48，49） RGB（87，88，88）	色彩提取： RGB（229，223，211） RGB（203，196，189） RGB（228，232，215） RGB（254，249，232）

来源：自绘

一、色彩构成因素

（一）室内色彩构成因素

明清时期随着徽商的鼎盛，徽州经济有了长足发展。一方面徽商投资回乡建房造物，需要在宗族中体现财富及价值；另一方面，深受道家"天人合一"思想的影响，寻求与自然环境的融合。两因素交融，导致了徽州建筑色彩趋向冷色调，整体外观朴素只在门楼处重点装饰；室内用材大部分还原了材料本身的固有颜色，色彩趋向暖色调为主，只在顶棚、窗扇处饰以彩画，且装饰繁美的木雕由于材料本身具有很强的地域性，随之而来的色彩关系也必然有浓郁的乡土特色。尤其是在材料比较单一的情况下，这种特色尤为突出而鲜明。如此发展演变，形成特定的建筑手法，即便为官为商，大富大贵，建豪宅大院，也仅在室内梁柱、门窗等建筑木构件处进行大面积雕饰，而少有施彩绘，多显示木材自身的颜色和纹理。偶尔局部描彩，和整体空间气氛相比仍未离开朴实、淡雅、清幽的主题。

（二）室外色彩构成因素

自唐宋以来隐居避世的人们在徽州世世代代过着平安宁静的生活，环境与文化影响了徽州人的色彩观念。他们普遍喜爱彩度偏低而色调中性的混合色，从白到灰再到黑的"无彩色"恰好符合人们的心理需求与审美观念。徽州造屋的外墙砖裸露易被雨水所侵蚀，且不美观，故在外墙用白石灰罩面既保护了外墙，又美化了建筑。随着岁月的流逝，白色墙体自然形成丰富的剥蚀效果，白石灰在雨水的浸透下，部分溶解，与青砖色彩相互渗透，导致表面形成螺旋、浪花或其他无规则纹理，在此过程中，白色逐步褪去，青砖色则逐步突出并与白色互相渗透，形成水墨浸染的效果。从远处看，墙面黑、灰、白过渡自然，极大地增强了建筑的艺术魅力和历史韵味。

二、色彩的构成规律

（一）室内色彩构成规律

1.室内大木作色彩

徽州建筑大木作的色彩格调可总结为：以原木原色为主，色彩沉稳淡雅，少施色彩，格调统一和谐。徽州建筑的大木作，尤其是明代建筑仍然保持了早期建筑的本色，木面一般不施色彩，暴露原状。此种方式显得朴素淡雅，反映了浸润儒家文化的徽州人质朴随性的审美观。同时，与刷饰油漆的梁架相比，原木木面纹路清晰，天井中的光线照射其上形成漫反射，从而使得进入室内的光线能够均匀地分布在室内各个角落，形成十分丰富的色彩和光影效果，也增加了天井神秘、静谧的感觉。原木暴露在空气中，再经过时间打磨，产生了丰富的色彩变化。基于木材的性能特点，徽州人很早就采用在木材上涂防腐漆和桐油的办法，来保护和加固木构件。由早期单一防潮、防蛀，逐渐与绘画装饰艺术相结合，形成后来与建筑构件相辅相成的建筑彩画。徽州人在深受儒家、道家思想的熏陶下，在理学上开始逐渐追求自然、平和，同时也将这种思想带入徽州建筑彩画的色彩选择中。徽州的彩画秉持着清新淡雅的装饰格调，通过少用金银等高纯度色彩点缀，大面使用素雅的颜色，保持室内色调质朴一致。

2.室内小木作色彩

徽州建筑室内色彩与室外色调形成强烈的对比，室外粉墙黛瓦，以冷色调为主，而室内以暖色调为主，厅堂比较热衷用红色。在古代节日礼俗活动中，红色始终象征着喜庆与欢乐。但厅堂建筑所用的红色并不太艳丽，以轻浅或偏橘红的色调漆木构件。

徽州建筑室内色彩还需根据具体的房间与位置来分析。有些房间以灰、黑、白色的组合，表现优雅而不俗、平实而安宁的生活情怀。别厅顶棚上绘满了彩画，色彩一般比较淡雅，用墨绘制菊花的较多，略施以黄色；挡板有的漆朱红色，有的漆象牙白色，有的挂壁画，有的用朴素的木本色，色彩光泽温暖天然亲切。不施油漆的建筑室内大多以木色加以精细的雕刻，着力表达木雕刻的技艺，用雕饰形成的肌理及阴影效果表现自然的色彩，但并不失华丽。

（二）室外色彩构成规律

徽州建筑外墙的白色背景底面由墙面构成，黑色系主要由马头墙构成，青灰色系由石质勒脚构成。马头墙的黑色是白色外墙的顶部暗色线条，也是徽州建筑最主要的边缘线，对黑白对比的色彩效应起到强化作用。石勒脚的青灰色是白墙与大地的分界与过渡。马头墙的黑色及石勒脚的青灰色在很大程度上使得白色墙壁成为有意义的实体而非空洞的色斑。这种黑白灰三色的渗透和对比效果，在春夏秋冬、阴晴雨雪乃至从早到晚、时令节气更替中，透露出时空变幻的魅力。春秋二季，山峦、云气、溪光、树影无不映照和渲染着片片粉墙，而清溪、池塘倒挂着它的身影，黑、白、灰色调的徽州建筑掩映于鹅黄嫩绿的枝叶树丛中，与大自然调和而不闷，对比而不燥。徽州的白墙和黑瓦又形成了天然的画框，掩映着最美的乡村图画，使人能够静谧地欣赏一幅幅美不胜收的景色（图7-37、图7-38，表7-2）。

图7-37　徽州民居街巷（左）
来源：课题组自摄
图7-38　徽州民居俯视（右）
来源：课题组自摄

不同视角下徽州民居色彩解构 表7-2

示例视角	色彩提取	色彩占比
	人视庭院立面 ▬ RGB（222，221，217） ▬ RGB（241，241，241） ▬ RGB（120，113，103） ▬ RGB（53，61，72）	白色系：42% 灰色系：39% 黑色系：15% 其他色系：4%
	人视建筑立面 ▬ RGB（189，188，183） ▬ RGB（151，146，140） ▬ RGB（16，14，15） ▬ RGB（74，64，37）	白色系：38% 灰色系：45% 黑色系：12% 其他色系：5%
	鸟瞰村落 ▬ RGB（52，49，44） ▬ RGB（207，209，204） ▬ RGB（149，151，146）	白色系：25% 灰色系：27% 黑色系：45% 其他色系：3%

来源：课题组自绘

三、徽州建筑色彩的艺术表现

（一）形神共生

如果将建筑融合了形态与色彩的观感称为"形"，将建筑蕴含的文化、理念、需求称为"神"的话，在建筑中"形"由"神"来决定，"神"由"形"来表现。"形"既有相对独立的审美价值，也是"神"的物质空间转化。对徽州建筑而言，其"神"来源于居者的徽文化之念、生活生产所需。粉墙黛瓦、古朴肃严，高致清雅的"形"正传导出"平易自然"、物尽所属、美在和谐的营建理念。

（二）白贲返朴

《周易》所谓"白贲"境界，绚烂之极归于平淡也。与"镂金错彩"的皇家宫殿相比，徽州建筑实为"白贲返朴"。徽州建筑的建筑装饰往往追求书卷气，亦即以"雅"为审美意蕴的文化氛围。厅堂之上多刻"忠孝"之事，楹联之上多书"耕读"之词。如此儒雅之居，外饰当然不会铺锦列绣，五色杂陈，眩人耳目。"水本非色，而色自丰；色中求色，不如无色中求色"（陈从周《园林谈从》）。粉墙、黛瓦、静水、碧树、蔓草、修竹，微风徐来，光影移动，树影、竹影和花影尽染粉墙之上，与粉墙虚实交织，构成了一幕动人的画景。借壁为幕，花影为题，迁想妙得，思味无穷。

（三）"天人合一"

"天人合一"即人与自然的亲密无间，是徽州建筑的文化母题。翠绿的山林、清澈的溪水与点缀其中的四季花果，形成了徽州的自然环境色系。自然色彩的清新秀丽，再加上日照时间长、室外照度高、空气透明度大等特点，徽州建筑外墙不论从色彩搭配还是从热工性能方面考虑，均宜采用浅淡的冷色为主色调，粉墙即为其极致的体现，黛瓦与青石路点缀其间，在空灵清透的自然环境中，格外高雅悦目。

（四）色彩与肌理的运用

徽州建筑的最大特点就是非常重视建筑的用材、颜色、规格和自然环境的协调一致。徽州建筑的色彩更多采用黑色、白色、青色等，材料多为就地取材，以石材、木材为主，利用材料的原色、纹理、质地等，师法自然，让建筑与周围环境相互融合。木材在徽派建筑上使用得最多，它给人一种温暖、舒适的感觉，不同种类的木材会随着时间和环境变迁散发出独有的香气，使居住者有更加贴近自然之感。石材的坚硬虽然给人一种冰冷的感觉，但能体现出其坚固和深沉的情感特性，有些石材经过打磨处理，在光线的照射下投射出的质感，更凸显一份庄重。青砖和青瓦没有被打磨得像石材那样光滑，它们所呈现的哑光质感体现了一种古典朴素的情愫。这些建筑材料通过重复、叠加、组合，又随着历史以及外部环境的不断更替，不断产生出新的视觉和肌理感受，丰富了徽派民居建筑的艺术特色。

四、徽州建筑的色彩特征

（一）师法自然，宛自天开

徽州建筑的材料多是选择徽州当地的黏土、杉木、青条石、石灰等。在选择时，注重材料的质地、花纹、表面肌理，尤其注重色彩，因而，材料在使用之初即呈现出原生态的自然美及有机的天然色彩。材料的加工使用，尽量保持原生状态，或是去粗取精，剔除瑕疵部分保留优质部分，提升材料的色彩美感。对于木材的表面只刷清漆保护，不施朱漆或金漆，最大程度凸显材料原色。这一系列的处理方式，最大程度保留了材料的色彩原貌。徽州彩画以植物、矿物为颜料，自然素色作大面积顶面彩绘，仅在平视处用彩色勾画点缀，人工美与天然美交织辉映、和谐统一。

（二）内外相生，协调统一

徽州建筑在色彩使用上，始终注意与建筑内外环境、室内格局的协调统一。室内外空间中，色彩面的大小、形状、比例等因素统筹考虑，共同营造空间氛围，而不是仅仅剥离出色彩运用。室外环境中，由于大面积的灰白墙体存在，可以很好地接受环境光，呈现出不论是秋天满山的红叶，还是春天随处可见的成片油菜花田，建筑位于其中均相得益彰，互为衬托。

（三）清雅简淡，意味隽永

生活于山多田少环境中的徽州人，追求宁静简朴生活，养成了崇尚自然、质朴淡雅的审美观。徽州建筑在坚固实用、美观大方的基础上寻求朴素、自然、清雅、简淡的美感，较少使用浓郁的装饰色彩。在建筑材料上也多数选择当地丰富的黏土、石灰、黟县青石、水杉为主要材料，建成的徽派民居色调淡雅、造型别致、结实美观。远远望去，清一色的粉墙黛瓦，对比鲜明，星星点点的青石门（窗）罩如同清秀简练的水墨画点缀其间，更显得古朴典雅，韵味无穷，清淡朴素之风展现无遗。

（四）注重对比，和谐有序

徽州建筑的色彩是注重对比、和谐统一的。这种色彩不是单一的黑白对比，因为点缀色彩与环境色彩的存在丰富了这种对比。在色彩的具体使用上，注意比例、冷暖、前后、轻重、高低的呼应，体现出来的色彩对比层次感强、丰富、耐人寻味。各个色彩单元主次有序，和谐统一，没有燥色，融合构成了徽州建筑的色彩环境。

本章小结

徽州建筑以整体空间为装饰美化对象，善用砖雕、木雕、石雕及彩画、楹联等多种装饰手段，并且依据空间的特质及美化的意愿，本体性装饰（砖雕、木雕、石雕）与附加性装饰（彩画、楹联）双管并重，多种装饰手段协同作用，将形式与功能、内容与技艺协调统一，达到了质朴典雅的空间装饰效果。在美化空间环境的同时，利用装饰纹样内容的展现，也起到了教化与精神引领的作用。而发源于本体性装饰的"三雕"技艺，更是经过徽州匠人们几百年的淬炼与传承，发展为独具地方特色的装饰技艺，享誉国内外。

第八章
徽州村落与建筑的保护发展

第一节 徽州村落与建筑的价值

徽州地区历史悠久、古迹众多，上千个大大小小的村落星罗棋布在徽州山水之间。处处弥漫着古朴犹存的沧桑感，犹如一座庞大的历史文化艺术博物馆。作为极具地域特征的文化遗产，徽州村落与建筑是在特定的自然和文化环境中形成的，正是由于"新安山水"的存在，才有粉墙黛瓦的建筑与之协调。"胸中小五岳，足底大九州"的徽州人，他们富甲一方、荣归故里，将地域外的文化思想与技术引入境内，构筑起一幢幢精巧别致的建筑。在千百年的峥嵘岁月中，村落是徽州文明得以灿烂演示的平台，这些古朴别致的村落与建筑，有着美学价值极高的物质空间形态，蕴含着丰富的精神文化内涵。但这一座座村落的原貌正逐渐消失在我们的视野中，针对徽州村落与建筑面临的问题，我们要做出针对性保护与传承式的发展，以延续其包含的物质与非物质文化。正如《华沙宣言》所说："保护和发展社会的遗产，为社会创造新的形式并保持文化发展的连续性。"

徽州村落与建筑是我国文化遗产中的一块瑰宝，具有独特的历史文化价值，具有"史考"的科学研究价值、"史鉴"的学术教育价值、"史貌"的审美欣赏价值，保护传统村落与建筑对传承和发展徽州文化具有重要意义。

一、历史文化价值

徽州文化底蕴深厚，现存大量传统村落及传统建筑，具有很高的历史文化价值。传统村落是民族文化的源起和根基，是传统优秀文化的集聚地，是储存经典文化"细胞"的容器。徽州村落作为徽州人赖以生活的村居空间，不仅孕育出形形色色的民间乡土文化，也为徽州文化的保存及发展提供了重要舞台。徽州村落的价值特色主要体现在历史文化价值、规划与建筑艺术价值和保存完好的乡村风貌等方面。徽州村落与建筑的历史文化价值是从古至今岁月沉淀下来的价值，它自然地将物质和非物质文化系统融合，巧妙地运用在村落空间中，通过长期居住于此的居民去动态传承和发扬。

二、科学教育价值

徽州村落的科学研究是一个包括有形的物质遗产和无形的非物质遗产的系统研究，而物质遗产的研究则主要指村落建筑及构筑物的研究。徽州村落具有小空间、大社会的特点，研究的内容主要涉及建筑学、城乡规划学、地理信息学、历史科学、社会学、生态环境学、美学、心理学等众多学科领域，而且这些领域常常会相互穿插、彼此关联。村落的选址布局及建筑营造，是各类研究人员不可多得的实物资料和研究基地。

徽州村落与建筑根植于当今的历史文化空间中，蕴藏着丰富的历史文化、道德伦理、审美艺术等多方面的教育价值。如徽州村落集天地人和之大美的生态和谐，心造其境、形神兼备的建筑艺术及恬淡、安宁的生活情趣等都体现了一种审美的教育价值。当走进徽州村落，随处可见的老宅古屋、文物古迹，以及旧时的生产工具和生活用品等，这一切引领现代人置身于一个千百年前的村落空间，就像一幅生动的历史生活场景展现在眼前，具有重要的历史教育价值。而基于传统文化历史积淀的优良传统，如家庭美德、集体意识以及民族精神等，在徽州村落里都能得到很好的体现。

三、物质情感价值

徽州村落的情感价值与物质价值并不相互独立，而是互为基础、互相促进的关系。徽州村落是地区宗族共同生活的重要场所，凝聚着宗族的精神寄托。徽州村落的建筑也彰显着时代的独特性，蕴含着特殊的情感。徽州村落与建筑中蕴含着人们对传统居住方式与营造模式的深厚情感，同时这种情感导向也促进了当地旅游经济的发展。将徽州村落与建筑视作一种特殊的旅游资源，为当地经济的发展提供了支撑，充分体现了现代徽州村落的物质价值。

四、生态景观价值

徽州村落既有大量保存较好、个性鲜明的建筑，又具有与自然和谐的村落选址布局，呈现出独具地域特色的景观价值。这富有地域特色的景观融合了徽州先人的生态智慧，体现了人与自然和谐相处的生态营造理念，是景观多样性的重要组成部分。

徽州村落与建筑在当代仍具有多方面的价值。徽州村落与建筑具有深厚的文化积淀，丰富的历史信息，意境深远的文化景观。对徽州村落与建筑多方面的保护发展是我们义不容辞的责任。

第二节　徽州村落与建筑的保护与发展面临的问题

　　徽州村落是中华五千年农耕文明的精髓，是人类文明从古至今发展特定历史过程的物质呈现。徽州村落中的建筑不是某一时期的产物，而是永续历史长河中不同时期建筑技艺的组合。徽州村落与建筑是相辅相成的，徽州建筑是徽州村落的重要组成要素。因此徽州村落与建筑在保护与发展过程中所面临的问题不可割裂地看待，而应系统关注。

一、徽州村落的自然性损毁

　　长期以来，对徽州村落的稀缺性认识不足、保护乏力，造成传统建筑的自然性损毁，许多村落的格局风貌、生态环境不断遭受破坏。由于受到风雨侵蚀和洪水、泥石流等自然力的破坏，众多已无人居住的民宅、祠堂面临着倒塌的威胁；原有的地貌、水系、植被、巷弄、民宅缺乏必要的保护，其历史特征和传统文化风貌也很快就会消失殆尽。

　　随着城镇化快速发展，大量农村人口尤其是青壮年劳动力不断"外流"，农村常住人口逐渐减少，出现了"人走房空"的现象。在风雨的侵袭和自然的磨蚀下，正在日渐一日地破败下去。徽州村落的空心化，使得村落缺乏维持自身发展的动力，村落发展难以为继。一些村落的现状是：交通闭塞，许多田地长满了杂草，村里只有几栋被遗弃多年的破旧民居，残垣断壁横亘在高高低低的草丛里。久而久之，村落的发展活力不足，参与的年轻人越来越少，村内的物质与非物质文化遗产建筑无力保护缺乏传承，进一步加速了传统村落的破败与消亡，形成恶性循环。再者，徽州居民对现代生活方式和品质的合理追求，对原有居住品质的不满意也构成传统村落保护的内部压力。

二、徽州村落的建设性破坏

　　过度的新农村城市化建设及过度的商业化导致了徽州村落的建设性破坏，给乡村的山水生态格局和乡土景观带来了前所未有的冲击。当我们怀着发展农村经济、改善居住环境的美好愿望去进行建设时，也可能破坏了有价值且无法

图8-1　河流污染（左）
来源：课题组自摄
图8-2　破损建筑（右）
来源：课题组自摄

修复的传统建筑。村落建设中出现严重同质化与城市化的现象，"千村一面"的现象有所蔓延。探索出全新的村落保护与发展模式，以保护促发展，以发展强保护，实现传统村落活态传承，真正做到传承本色，形神兼备，需要解决保护与发展这一核心问题。

三、徽州建筑的宜居性问题

随着村民生产生活方式的改变，徽州建筑原有的空间形式已经无法满足现代村民生活的需求。同时建筑室内的物理环境也无法满足现代的居住品质要求。加之建筑的自然损害与年久失修，部分建筑已经无法继续使用。

第三节 徽州村落与建筑的保护与发展原则

一、徽州村落与建筑的保护的三个阶段

对于徽州村落与建筑的保护，大概可以分为三个阶段：起步期、发展期和活跃期。

（一）起步期

2005年以前。20世纪80年代，主要对古村落的民居建筑、旅游开发等进行探讨；90年代以后，历史文化名镇名村保护受到关注，相关学科就传统村落的乡土建筑、村落空间、民俗文化、旅游开发等主题展开研究。

（二）发展期

2005年至2012年。越来越多学者开始关注传统村落的保护问题，不仅延续深化了前人的研究主题，还增加了非物质文化遗产、保护规划、村落景观、人居环境、保护法规建设、新农村建设、美丽乡村等新的内容。

（三）活跃期

2012年至今。相关研究成果迅速增加，研究学科视角逐渐从单一走向系统和综合，传统村落保护的文化传承、旅游发展、活化利用等问题成为学界关注的重点。

从保护与发展历程可见，保护范围和价值一直处于不断延伸的状态，而任何理论都是从保护与发展实践中而来，针对当时的特定情况而产生，所以不会有普适性的适应各个不同地方需求的维护规范。对于不同的村落与建筑我们要有不同的策略，要摸清每个村落与建筑的本质特点，这就要求我们要做到以下几点：

1.了解自身处于何种阶段与状态。遗产的社会价值、经济价值的提出都是顺应时代而产生，不同基础形成不同的保护目的，了解目前的阶段与状态才能清晰如何实施更有效。

2.清楚迫切需要解决的问题是什么，在每个阶段都有主要和次要矛盾需解决。当文化遗产身处在每一个不同的时代，保护和发展的各种冲突、互动、转换，皆会形成不同的理念。我们需要建立的原则是：避免文化遗产的价值受到改变，我们面对文化遗产的态度要随着时代的观念去调整，所以短期目标及手段也需跟随问题不断调整。

3.必须具备开放性思维，了解国内外发展技术，辨识、消化和有选择地汲取其中优秀的思想文化成果，并嫁接到中国传统之树上，发展适合我们本土情况的保护理念与方法。任何理论的形成都有其特定的背景，了解清楚发展的来龙去脉，才能为我们自己的发展借鉴经验和引导方向。

二、徽州村落与建筑的保护的原则

在全面鼓励社会重视保护与发展徽州村落与建筑时，要将"保护"与"传承"结合起来，二者相互制约、共同发挥作用，徽州村落与建筑是历史的宝贵资源，更是有极其重要的原生价值，而对于徽州村落与建筑的保护与发展首先应遵循以下基本原则。

（一）原真性原则

徽州村落作为我国的重要文化遗产，是人类历史上的珍贵宝藏。徽州村落与建筑蕴含了大量真实的历史信息，是村落历史文化价值的主要载体。在经济发展越来越快的当下，对徽州村落与建筑的维护与修建都应当建立在维护传统建筑的原生性上，做到最大限度地尊重村落空间环境的传统特色与建筑的"原汁原味"。只有这样才能保护村落自古以来就被赋予的文化价值，及时修复传统建筑、加深对村落传统文化和建筑的研究，才能让徽州村落与建筑永葆生机。

（二）整体性原则

徽州村落中的徽州建筑、自然山水、空间肌理以及村民生产活动等元素有机地融合为一个整体。因此，不能把村落或者建筑割裂开来去保护和发展，而应该整体去考虑每个元素之间的关系，才能真正做到保护与发展的整体性。

徽州村落与建筑的整体保护发展不仅包括有形的物质文化遗产的保护发展，还包括无形的非物质文化遗产的保护发展。徽州村落与建筑的特征不仅反映在物质空间环境上，更多的传统文化是通过非物质的形式表现出来的，并常以物质遗产为载体，形成有形无形的融合。

（三）动态性原则

徽州村落与建筑是动态发展的，徽州村落与建筑的保护活动也应是动态变化的。在保持徽州村落与建筑的历史文化传统同时，要保证村民居住环境的改善和居住水平的提高，让居民所处的环境保持在相对稳定的状态，在动态变化中寻求村落保护的最佳途径，才能创造更加适宜村内居民的居住环境。

对徽州村落与建筑而言，保护是发展的前提，发展是保护的目的。我们要认识到徽州村落与建筑本身就是特殊的发展资源，保护徽州村落与建筑是研究它们如何在发展变化中实现其特有的价值，进行可持续发展，这样的保护本身就是发展。

第四节　徽州村落与建筑保护发展方式

通过对徽州村落与建筑的现状进行分析，我们了解了徽州村落与建筑面临的主要问题，因而需要根据现有问题或将来可能出现的问题，制定出有针对性的保护及控制措施，提出解决问题的对策。

一、徽州村落保护与发展

徽州村落的保护与发展主要涉及村落空间格局、自然生态、历史人脉、人口与社会四个方面，目的是对徽州村落的现状问题进行解决，并对村落的现有资源进行整合，对徽州村落进行全面保护，并促进徽州村落全面持续的发展。

（一）村落空间格局保护与发展

徽州村落空间格局鲜明，体现出了具有代表性的地方传统营建文化，同时能体现出传统的生产、生活方式，以及村落整体格局保持完整的乡土特征。保护徽州村落空间的基本格局，是对其内部建筑保护与再利用的基础。首先，应该分析研究村落的选址区位，控制村落中各点、线、面构成要素功能，以此保护村落自然的"山水田园"格局，明确保护边界，对现有村落的空间进行完善与优化。其次，根据村落的实际情况，对现有串联重要村落内部空间的自然水系、人工形成的街巷等要素进行梳理，梳理为交通系统的重要组成部分。在此基础上采取有机更新，适应现代村民生产、生活方式，保护与发展并举。

（二）村落自然生态保护与发展

徽州村落并非由人随意所为，古时的徽州人坚信，人与自然万物之间是全息同构的，作为人居环境的村落，不能割裂与自然万物的气息相通，应该依山形就水势而成其体，村落虽由人作，但要宛自天开，如真实的自然一般，务必使人居的村落在四周自然环境的映衬下展现为具有灵魂和活力的生命体，或某种与环境相得益彰的村落格局。有益村落中的人顺应天地大化，汇入生命之潮，最终实现"以天地万物为一体"的生命至善境界。

徽州村落内外的自然生态环境及人工生态设施，尤其是所谓的风水景观，是村落不可或缺的重要组成部分，也是徽州村落有别于不同区域人居文化遗存之间的特征之一。所以，自然生态环境的保护是徽州村落保护的重要内容。在对自然生态进行保护的过程中，可以分为以下两个方面：首先是对村落整体生态环境的保护，徽州村落作为人类文化遗产的瑰宝，它在处理人与自然关系方面所取得的高度成就，给人与自然关系全面紧张的现代社会以极富价值的启示，因此要对生态环境进行整体性保护，对生态遭到破坏的山体、河道、植被进行生态修复，保护其独具的景观风貌，以免打乱原有的和谐构图；其次是要对村落古树名木、风水林进行保护，古树名木是村落悠久历史与文化的象征，是前人留下的珍贵遗产。

（三）历史文脉保护与发展

历史上的徽州人文荟萃，名流辈出。每个村落皆有其辉煌的历史和厚重的文化积累，这些构成徽州村落的精神实体，是徽州文化的核心部分。村落里的历史文脉除建筑文化以外，还表现为村落的历史沿革、名人逸事、岁时风俗、文化传统、宗教信仰等。从全局看，徽州村落乃是一处处文化园景，以村为园，园在村中。因此，历史文脉是徽州村落保护的又一重要内容。研究、发掘、整理古村落的历史文脉，有条件、有选择地再现和扶持仍有文化生命力的积极、健康的村落文化事项。也应重视对村民保护意识的培养，让村民了解文化的重要性，自觉保护历史文化，重视濒于消亡的口头和非物质文化遗产的抢救和保护工作，提升民间艺人特别是口头和非物质文化遗产传人的社会地位和生活处境，营造保护历史文脉的良好文化环境，培育保护历史文脉的社会力量。观念形态的历史文脉是村落的价值体现，也是徽州村落的魅力所在。

（四）村落人口与社会保护与发展

徽州村落的自然、社会、文化生态均十分脆弱，而过度的旅游开发，导致旅游旺季有大量外来游客停留于村落，给承载力十分有限的村落以巨大的人流和社会压力，加剧了村落原生文化和传统风俗的异化和解体。村落在开发过程中被迅速商业化，失去了原本淳朴、宁静的古风，昔日礼让有序的徽州村落处处充斥着嘈杂的议价声，村落像是只保留了躯壳而丢失了真正的内涵。

因此，徽州村落的旅游开发要以可持续发展思想为指导，合理规划旅游项目，旅游旺季要采取相应措施分流与限流游客，积极营造真实的古风古貌。当地居民的文化认同感降低和对村落的保护意识差也是亟待解决的问题，组织学习徽州文化，让村民充分了解自身所处地区文化的丰富内涵和重要性，提升村民的自豪感与价值认同，发挥原住民的保护与传承动力。

二、传统建筑保护与发展方式

（一）原地保护利用

原地保护分为居住性保护和功能性保护。

1.居住性保护利用是对于未列入任何保护条例规定、生活设施不完善，历史价值不高但有一定意义的建筑，为了满足现代居民的居住生活，可以进行局部基础设施改造或者功能布局的调整。徽州现存建筑大多为明清时期所建，其基础设施情况、功能布局以及内部平面划分对于现在居民来说不能满足日常生活的使用。基础设施不健全，如没有独立卫生间、不能加设太阳能热水器、电路设施不易铺设等。功能布局不合理，如卧室面积狭小，房间通风采光差，随着人口增多，区域未合理划分使用等。针对这些问题，应该注意保护和改善建筑与居住条件的关系，对必要的基础设施情况进行改善，以满足人们的生活需求。

2.功能性保护利用是对于未列入任何保护条例规定、年久失修、损毁严重、历史价值不高的，且具备改造利用条件，符合所在村落规划整体布局要求的徽州建筑进行保护利用的一种方式。虽然有些徽州村落的建筑遭到严重破坏，已经不能完全恢复其原来的样貌，但是可以考虑对符合一定条件的建筑进行一定程度的利用，如可以改造作为民宿、展览类建筑、会议中心、文化站等，以求更好地使用建筑，形成村落主题，具有村域特色，带动整个村落的健康持续发展。

（二）异地保护利用

异地保护利用是一种特殊的保护利用建筑的方式仅适用于：由于自然不可控力，迫不得已对建筑实施异地保护；建筑位于边远地区，周边环境及历史肌理破坏严重，实在无法独立保护，不得已实施异地保护；建筑本身损毁严重、濒临倒塌。异地保护利用主要包含两个类别：一是异地集中保护利用，二是异地单体保护利用。

一般情况下，徽州建筑的价值在很大程度上与其周围的环境密不可分，所以一般不采用这种保护利用方式，如果不得已必须进行迁移性保护，则需遵循"不改变原状"的原则，以抢救濒危古建筑为目的，同时进行一定程度的合理利用，以保存、延续其价值。

本章小结

徽州村落与建筑的保护与发展应该和谐统一，互为动力。既要保护传统村落格局风貌等自然遗产，又要发展传统建筑等文化遗产，更要传承乡土民俗文化等非物质文化遗产。徽州村落与建筑的保护必须与徽州村落与建筑的发展结合起来，二者之间更应该兼顾并举，不能有所偏废。只有徽州村落与建筑找到了能支撑自身生存发展的经济动力，村民的生活有了保障，生活水平得到提高，徽州村落与建筑才能得到延续与发展。

参考文献

[1] 李允鉌. 华夏意匠[M]. 天津：天津大学出版社，2005.

[2] 朱永春. 徽州建筑[M]. 合肥：安徽人民出版社，2005.

[3] 刘仁义，金乃玲. 徽州传统建筑特征图说[M]. 北京：中国建筑工业出版社，2015.

[4] 刘托，程硕，黄续，乔宽宽，章望南. 徽派民居传统营造技艺[M]. 合肥：安徽科学技术出版社，2013.

[5] 赵之枫. 传统村镇聚落空间解析[M]. 北京：中国建筑工业出版社，2015.

[6] 刘森林. 徽州朝奉[M]. 北京：清华大学出版社，2014.

[7] 陆林，凌善金，焦华富. 徽州村落[M]. 合肥：安徽人民出版社，2005.

[8] 陈从周. 园林谈丛[M]. 上海：上海人民出版社，2008.

[9] 李百浩，刘炜. 湖北古镇空间[M]. 武汉：武汉理工大学出版社，2013.

[10] 方利群. 徽州传统村落规划研究[M]. 合肥：合肥工业大学出版社，2019.

[11] 翟屯建. 徽州文化史[M]. 合肥：安徽人民出版社，2005.

[12] 贺为才. 徽州村镇水系与营建技艺研究[M]. 北京：中国建筑工业出版社，2010.

[13] 潘谷西. 中国建筑史[M]. 北京：中国建筑工业出版社，2000.

[14] 卞利. 徽州传统聚落规划和建筑营建理念研究[M]. 合肥：安徽人民出版社，2017.

[15] 王星明，罗刚. 桃花源里人家：徽州古村落[M]. 沈阳：辽宁人民出版社，2002.

[16] 周建明. 中国传统村落：保护与发展[M]. 北京：中国建筑工业出版社，2014.

[17] 孙大章. 民居建筑的插梁架浅论[J]. 小城镇建设，2001（9）：26-29.

[18] 汪兴毅，管欣. 徽州古民宅木构架类型及柱的营造[J]. 安徽建筑大学学报，2008.

[19] 荷雅丽，俞琳. 两种使用斜栱的重要且成熟的设计概念："扇式斗栱"和"如意斗栱"[J]. 古建园林技术，2012（02）.

[20] 骆卫华. 徽派古建筑木结构的历史演变[J]. 黄山学院学报，2012，40（5）：48-49.

[21] 陈晓华，谢晚珍. 徽州传统村落祠堂空间功能更新及活化利用[J]. 原生态民族文化学刊，2019，11（4）：92-97.

[22] 王薇，张之秋，周圆圆. 徽州祠堂戏场建筑的空间形态研究[J]. 工业建筑，2017（3）：192-197.

[23] 王炎松，张建荣. 江西婺源地区明清祠堂建筑形态比较研究：以七座祠堂为例[J]. 南方文物，2018.

[24] 卞利. 论徽州的宗族祠堂[J]. 中原文化研究，2017，5（5）：114-121.

[25] 张玉瑜. 浙江省传统建筑木构架研究[J]. 建筑学报，2009，（3）：20-23.

[26] 高兴玺. 晋商聚落市居空间环境与店铺民居形态研究[J]. 科学技术哲学研究，2011，28（4）：94-100.

[27] 刘阳. 意象图形与徽州古村落布局形态[J]. 新美术，2010，31（5）：90-92，65.

[28] 艾昕，呈旅. 呈坎：水墨画就的八卦村[J]. 中华民居，2010，（8）：94-103.

[29] 肖宏，吴智慧. 道家思想对徽州文化的影响研究[J]. 安徽建筑工业学院学报（自然科学版），2006，14（6）：86-90.

[30] 巩凌霄，刘明来. 徽州古村落风水文化中的人文思想与科学内涵[J]. 中国城市林业，2016，14（5）：55-58.

[31] 蒋道霞. 徽州古民居村落形成的文化基因[J]. 大众科技，2017，19（9）：97-99.

[32] 林泽明，胡迟，晏实江. 徽州水系文化地图特色数据库构建探析[J]. 大学图书情报学刊，2019，37（5）：16-19.

[33] 王亮. 古村落消亡的影响因素及其对策研究[J].黑龙江史志，2015，（11）：3-4，7.

[34] 周叶. 古村落的保护与发展实证研究：以徽州古村落为例[J]. 农业考古，2012，（4）：245-248.

[35] 汪婷. "公地悲剧"视角下徽州古村落的开发与保护[J]. 安徽理工大学学报（社会科学版），2016，18（5）：8-10.

[36] 祖健，李亚青. 徽州古村落的保护与发展[J]. 知识经济，2009，（4）：154-155.

[37] 王浩锋，叶珉. 西递村落形态空间结构解析[J]. 华中建筑，2008，26（4）：65-69.

[38] 李晨. 徽州古村落生态策略研究[D]. 合肥：安徽建筑大学，2014.

[39] 李婷君. 徽州村镇水系营造与防洪设计研究[D]. 合肥：合肥工业大学，2012.

[40]　凌璇. 徽州传统村落空间形态特征及保护策略研究[D]. 西安：长安大学，2015.

[41]　王家骏. 徽州传统聚落水景观品质提升研究 [D]. 合肥：安徽建筑大学，2017.

[42]　陈旭东. 徽州传统村落对水资源合理利用的分析与研究[D]. 合肥：合肥工业大学，2010.

[43]　董世宇. 徽州古村落物质空间研究[D]. 长沙：湖南大学，2012.

[44]　刘亚平. 水脉宏村[D]. 长沙：湖南师范大学，2007.

[45]　刘燕. 非物质文化遗产在传统村落保护中的传承研究：以安徽省泾县黄田村为例 [D]. 北京：北京建筑大学，2016.

[46]　林伟鸿. 广州近郊空心型传统村落保护与活化更新策略研究[D]. 广州：华南理工大学，2019.

[47]　喻琴. 徽州传统民居群落文化生态环境要素的分析及发展思考[D]. 武汉：武汉理工大学，2002.

[48]　付俊. 多元业态视角下徽州民居保护与再生研究[D]. 合肥：合肥工业大学，2019.

[49]　刘渌璐. 广府地区传统村落保护规划编制及其实施研究[D]. 广州：华南理工大学，2014.

[50]　逯家桥. 美好乡村建设中徽州古村落保护与发展研究[D]. 合肥：安徽建筑大学，2014.

[51]　任延婷. 徽州古村落保护和更新研究[D]. 合肥：合肥工业大学，2009.

[52]　许勇. 交往空间：徽州传统聚落空间研究[D]. 南京：南京林业大学，2008.

[53]　汪亮. 徽州传统聚落公共空间研究[D]. 合肥：合肥工业大学，2006.

[54]　陈晶. 徽州地区传统聚落外部空间的研究与借鉴[D]. 北京：清华大学，2005.

[55]　黄成. 明清徽州古建筑彩画艺术研究[D]. 苏州：苏州大学，2009.

[56]　韩添. 黄山屯溪老街街区空间更新的形态特征研究[D]. 西安：西安建筑科技大学，2015.

[57]　程君. 西递村落的商业空间研究与古民居保护利用[D]. 合肥：合肥工业大学，2009.

[58]　李晨. 徽州古村落生态策略研究 [D]. 合肥：安徽建筑大学，2014.

[59]　刘阳. 意象图形与徽州古村落布局形态 [J]. 新美术，2010，31（5）：90-92.

[60]　艾昕，呈旅. 呈坎水墨画就的八卦村 [J]. 中华民居，2010（8）：94-103.

[61]　赵之枫. 传统村镇聚落空间解析 [M]. 北京：中国建筑工业出版社，2015.

[62]　刘森林. 徽州朝奉 [M]. 北京：清华大学出版社，2014.

[63]　陆林，凌善金，焦华富. 徽州村落 [M]. 合肥：安徽人民出版社，2005.

[64]　李百浩，刘炜. 湖北古镇空间 [M]. 武汉：武汉理工大学出版社，2013.

[65]　方利群. 徽州传统村落规划研究 [M]. 合肥：合肥工业大学出版社，2019.

[66]　卞利. 徽州传统聚落规划和建筑营建理念研究 [M]. 合肥：安徽人民出版社，2017.

[67]　王星明，罗刚. 桃花源里人家：徽州古村落[M]. 沈阳：辽宁人民出版社，2002.

[68]　李百浩，刘炜. 湖北古镇空间 [M]. 武汉：武汉理工大学出版社，2013.

[69]　李晨. 徽州古村落生态策略研究 [D]. 合肥：安徽建筑大学，2014.

[70]　凌璇. 徽州传统村落空间形态特征及保护策略研究 [D]. 西安：长安大学，2015.

[71]　董世宇. 徽州古村落物质空间研究 [D]. 长沙：湖南大学，2012.

[72]　许勇. 交往空间—徽州传统聚落空间研究 [D]. 南京：南京林业大学，2008.

[73]　王浩锋，叶珉. 西递村落形态空间结构解析[J]. 华中建筑，2008（4）：65-69.

[74]　汪亮. 徽州传统聚落公共空间研究 [D]. 合肥：合肥工业大学，2006.

[75]　陈晶. 徽州地区传统聚落外部空间的研究与借鉴 [D]. 北京：清华大学，2005.

[76]　刘燕. 非物质文化遗产在传统村落保护中的传承研究：以安徽省泾县黄田村为例 [D].
　　　北京建筑大学，2016.

[77]　林伟鸿. 广州近郊空心型传统村落保护与活化更新策略研究 [D]. 华南理工大学，
　　　2019.

[78]　喻琴. 徽州传统民居群落文化生态环境要素的分析及发展思考 [D]. 武汉理工大学，
　　　2002.

[79]　付俊. 多元业态视角下徽州民居保护与再生研究 [D]. 合肥工业大学，2019.

[80]　刘渌璐. 广府地区传统村落保护规划编制及其实施研究 [D]. 华南理工大学，2014.

[81]　周建明著. 中国传统村落：保护与发展. 北京：中国建筑工业出版社，2014.

[82]　王亮. 古村落消亡的影响因素及其对策研究 [J]. 黑龙江史志，2015（11）：3-4+7.

[83]　周叶. 古村落的保护与发展实证研究：以徽州古村落为例 [J]. 农业考古，2012
　　　（4）：245-248.

[84]　逯家桥. 美好乡村建设中徽州古村落保护与发展研究 [D]. 安徽建筑大学，2014.

[85]　汪婷. "公地悲剧"视角下徽州古村落的开发与保护 [J]. 安徽理工大学学报（社会
　　　科学版），2016，18（5）：8-10.

[86]　任延婷. 徽州古村落保护和更新研究 [D]. 合肥工业大学，2009.

[87]　祖健，李亚青. 徽州古村落的保护与发展 [J]. 知识经济，2009（4）：154-155.

※ 部分资料来源于国家住房和城乡建设部：网站和百度百科